本书由教育部人文社会科学重点研究基地"山西大学科学技术哲学研究中心"、山西省"1331工程"重点学科建设计划资助出版

科学技术哲学文库 | 丛书主编·郭贵春 殷 杰

数学哲学中的自然主义

◎高 坤 著

科学出版社

北 京

图书在版编目（CIP）数据

数学哲学中的自然主义 / 高坤著. —北京：科学出版社，2019.3
（科学技术哲学文库）
ISBN 978-7-03-060899-4

I. ①数… II. ①高… III. ①数学哲学-研究 IV. ①O1-0

中国版本图书馆 CIP 数据核字（2019）第 050410 号

丛书策划：侯俊琳　邹　聪

责任编辑：邹　聪　张　楠 / 责任校对：贾伟娟

责任印制：徐晓晨 / 封面设计：有道文化

编辑部电话：010-64035853

E-mail：houjunlin@mail.sciencep.com

科学出版社出版
北京东黄城根北街 16 号
邮政编码：100717
http://www.sciencep.com

涿州市般润文化传播有限公司 印刷
科学出版社发行　各地新华书店经销

*

2019 年 3 月第 一 版　开本：720×1000　B5
2021 年 1 月第三次印刷　印张：14
字数：255 000

定价：78.00 元
（如有印装质量问题，我社负责调换）

总　序

认识、理解和分析当代科学哲学的现状，是我们抓住当代科学哲学面临的主要矛盾和关键问题、推进它在可能发展趋势上取得进步的重大课题，有必要对其进行深入研究并澄清。

对当代科学哲学的现状的理解，仁者见仁，智者见智。明尼苏达科学哲学研究中心在 2000 年出版的 *Minnesota Studies in the Philosophy of Science* 中明确指出："科学哲学不是当代学术界的领导领域，甚至不是一个在成长的领域。在整体的文化范围内，科学哲学现时甚至不是最宽广地反映科学的令人尊敬的领域。其他科学研究的分支，诸如科学社会学、科学社会史及科学文化的研究等，成了作为人类实践的科学研究中更为有意义的问题、更为广泛地被人们阅读和争论的对象。那么，也许这导源于那种不景气的前景，即某些科学哲学家正在向外探求新的论题、方法、工具和技巧，并且探求那些在哲学中关爱科学的历史人物。"① 从这里，我们可以感觉到科学哲学在某种程度上或某种视角上地位的衰落。而且关键的是，科学哲学家们无论是研究历史人物，还是探求现实的科学哲学的出路，都被看作一种不景气的、无奈的表现。尽管这是一种极端的看法。

那么，为什么会造成这种现象呢？主要的原因就在于，科

---

① Hardcastle G L，Richardson A W. Logical empiricism in North America//Minnesota Studies in the Philosophy of Science. Vol XVIII. Minneapolis：University of Minnesota Press，2000：6.

学哲学在近 30 年的发展中，失去了能够影响自己同时也能够影响相关研究领域发展的研究范式。因为，一个学科一旦缺少了范式，就缺少了纲领，而没有了范式和纲领，当然也就失去了凝聚自身学科，同时能够带动相关学科发展的能力，所以它的示范作用和地位就必然要降低。因而，努力地构建一种新的范式去发展科学哲学，在这个范式的基底上去重建科学哲学的大厦，去总结历史和重塑它的未来，就是相当重要的了。

换句话说，当今科学哲学在总体上处于一种"非突破"的时期，即没有重大的突破性的理论出现。目前，我们看到最多的是，欧洲大陆哲学与大西洋哲学之间的渗透与融合，自然科学哲学与社会科学哲学之间的借鉴与交融，常规科学的进展与一般哲学解释之间的碰撞与分析。这是科学哲学发展过程中历史地、必然地要出现的一种现象，其原因在于五个方面。第一，自 20 世纪的后历史主义出现以来，科学哲学在元理论的研究方面没有重大的突破，缺乏创造性的新视角和新方法。第二，对自然科学哲学问题的研究越来越困难，无论是拥有什么样知识背景的科学哲学家，对新的科学发现和科学理论的解释都存在着把握本质的困难，它所要求的背景训练和知识储备都愈加严苛。第三，纯分析哲学的研究方法确实有它局限的一面，需要从不同的研究领域中汲取和借鉴更多的方法论的经验，但同时也存在着对分析哲学研究方法忽略的一面，轻视了它所具有的本质的内在功能，需要在新的层面上将分析哲学研究方法发扬光大。第四，试图从知识论的角度综合各种流派、各种传统去进行科学哲学的研究，或许是一个有意义的发展趋势，在某种程度上可以避免任何一种单纯思维趋势的片面性，但是这确是一条极易走向"泛文化主义"的路子，从而易于将科学哲学引向歧途。第五，科学哲学研究范式的淡化及研究纲领的游移，导致了科学哲学主题的边缘化倾向，更为重要的是，人们试图用从各种视角对科学哲学的解读来取代科学哲学自身的研究，或者说把这种解读误认为是对科学哲学的主题研究，从而造成了对科学哲学主题的消解。

然而，无论科学哲学如何发展，它的科学方法论的内核不能变。这就是：第一，科学理性不能被消解，科学哲学应永远高举科学理性的旗帜；

第二，自然科学的哲学问题不能被消解，它从来就是科学哲学赖以存在的基础；第三，语言哲学的分析方法及其语境论的基础不能被消解，因为它是统一科学哲学各种流派及其传统方法论的基底；第四，科学的主题不能被消解，不能用社会的、知识论的、心理的东西取代科学的提问方式，否则科学哲学就失去了它自身存在的前提。

在这里，我们必须强调指出的是，不弘扬科学理性就不叫"科学哲学"，既然是"科学哲学"就必须弘扬科学理性。当然，这并不排斥理性与非理性、形式与非形式、规范与非规范研究方法之间的相互渗透、融合和统一。我们所要避免的只是"泛文化主义"的暗流，而且无论是相对的还是绝对的"泛文化主义"，都不可能指向科学哲学的"正途"。这就是说，科学哲学的发展不是要不要科学理性的问题，而是如何弘扬科学理性的问题，以什么样的方式加以弘扬的问题。中国当下人文主义的盛行与泛扬，并不是证明科学理性不重要，而是在科学发展的水平上，社会发展的现实矛盾激发了人们更期望从现实的矛盾中，通过对人文主义的解读，去探求新的解释。但反过来讲，越是如此，科学理性的核心价值地位就越显得重要。人文主义的发展，如果没有科学理性作为基础，就会走向它关怀的反面。这种教训在中国社会发展中是很多的，比如，有人在批评马寅初的人口论时，曾以"人是第一可宝贵的"为理由。在这个问题上，人本主义肯定是没错的，但缺乏科学理性的人本主义，就必然走向它的反面。在这里，我们需要明确的是，科学理性与人文理性是统一的、一致的，是人类认识世界的两个不同的视角，并不存在矛盾。从某种意义上讲，正是人文理性拓展和延伸了科学理性的边界。但是人文理性不等同于人文主义，正像科学理性不等同于科学主义一样。坚持科学理性反对科学主义，坚持人文理性反对人文主义，应当是当代科学哲学所要坚守的目标。

我们还需要特别注意的是，当前存在的某种科学哲学研究的多元论与20世纪后半叶历史主义的多元论有着根本的区别。历史主义是站在科学理性的立场上，去诉求科学理论进步纲领的多元性，而现今的多元论，是站在文化分析的立场上，去诉求对科学发展的文化解释。这种解释虽然在一定层面上扩张了科学哲学研究的视角和范围，但它却存在着文化主义的倾向，存在着消解科学理性的倾向。在这里，我们千万不要把科学哲学与技术哲学混为一谈。这二者之间有重要的区别。因为技术哲学自身本质地赋有更多的文化特质，这些文化特质决定了它不是以单纯科学理性的要求为基底的。

在世纪之交的后历史主义的环境中，人们在不断地反思 20 世纪科学哲学的历史和历程。一方面，人们重新解读过去的各种流派和观点，以适应现实的要求；另一方面，试图通过这种重新解读，找出今后科学哲学发展的新的进路，尤其是科学哲学研究的方法论的走向。有的科学哲学家在反思 20 世纪的逻辑哲学、数学哲学及科学哲学的发展，即"广义科学哲学"的发展中提出了五个"引导性难题"（leading problems）。

第一，什么是逻辑的本质和逻辑真理的本质？

第二，什么是数学的本质？这包括：什么是数学命题的本质、数学猜想的本质和数学证明的本质？

第三，什么是形式体系的本质？什么是形式体系与希尔伯特称之为"理解活动"（the activity of understanding）的东西之间的关联？

第四，什么是语言的本质？这包括：什么是意义、指称和真理的本质？

第五，什么是理解的本质？这包括：什么是感觉、心理状态及心理过程的本质？[①]

这五个"引导性难题"概括了整个 20 世纪科学哲学探索所要求解的对象及 21 世纪自然要面对的问题，有着十分重要的意义。从另一个更具体的角度来讲，在 20 世纪科学哲学的发展中，理论模型与实验测量、模型解释与案例说明、科学证明与语言分析等，它们结合在一起作为科学方法论的整体，或者说整体性的科学方法论，整体地推动了科学哲学的发展。所以，从广义的科学哲学来讲，在 20 世纪的科学哲学发展中，逻辑哲学、数学哲

---

① Shauker S G. Philosophy of Science, Logic and Mathematics in 20th Century. London: Routledge, 1996: 7.

学、语言哲学与科学哲学是联结在一起的。同样，在 21 世纪的科学哲学进程中，这几个方面也必然会内在地联结在一起，只是各自的研究层面和角度会不同而已。所以，逻辑的方法、数学的方法、语言学的方法都是整个科学哲学研究方法中不可或缺的部分，它们在求解科学哲学的难题中是统一的和一致的。这种统一和一致恰恰是科学理性的统一和一致。必须看到，认知科学的发展正是对这种科学理性的一致性的捍卫，而不是相反。我们可以这样讲，20 世纪对这些问题的认识、理解和探索，是一个从自然到必然的过程；它们之间的融合与相互渗透是一个从不自觉到自觉的过程。而 21 世纪，则是一个"自主"的过程，一个统一的动力学的发展过程。

那么，通过对 20 世纪科学哲学的发展历程的反思，当代科学哲学面向 21 世纪的发展，近期的主要目标是什么？最大的"引导性难题"又是什么？

第一，重铸科学哲学发展的新的逻辑起点。这个起点要超越逻辑经验主义、历史主义、后历史主义的范式。我们可以肯定地说，一个没有明确逻辑起点的学科肯定是不完备的。

第二，构建科学实在论与反实在论各个流派之间相互对话、交流、渗透与融合的新平台。在这个平台上，彼此可以真正地相互交流和共同促进，从而使它成为科学哲学生长的舞台。

第三，探索各种科学方法论相互借鉴、相互补充、相互交叉的新基底。在这个基底上，获得科学哲学方法论的有效统一，从而锻造出富有生命力的创新理论与发展方向。

第四，坚持科学理性的本质，面对前所未有的消解科学理性的围剿，要持续地弘扬科学理性的精神。这应当是当代科学哲学发展的一个极关键的方面。只有在这个基础上，才能去谈科学理性与非理性的统一，去谈科学哲学与科学社会学、科学知识论、科学史学及科学文化哲学等流派或学科之间的关联。否则，一个被消解了科学理性的科学哲学还有什么资格去谈论与其他学派或学科之间的关联？

　　总之，这四个从宏观上提出的"引导性难题"既包容了 20 世纪的五个"引导性难题"，也表明了当代科学哲学的发展特征：一是科学哲学的进步越来越多元化。现在的科学哲学比过去任何时候，都有着更多的立场、观点和方法；二是这些多元的立场、观点和方法又在一个新的层面上展开，愈加本质地相互渗透、吸收与融合。所以，多元化和整体性是当代科学哲学发展中一个问题的两个方面。它将在这两个方面的交错和叠加中寻找自己全新的出路。这就是当代科学哲学拥有强大生命力的根源。正是在这个意义上，经历了语言学转向、解释学转向和修辞学转向这"三大转向"的科学哲学，而今转向语境论的研究就是一种逻辑的必然，是科学哲学研究的必然取向之一。

　　这些年来，山西大学的科学哲学学科，就是围绕着这四个面向 21 世纪的"引导性难题"，试图在语境的基底上从科学哲学的元理论、数学哲学、物理哲学、社会科学哲学等各个方面，探索科学哲学发展的路径。我希望我们的研究能对中国科学哲学事业的发展有所贡献！

郭贵春
2007 年 6 月 1 日

前　言

　　哲学是对存在的一般性追问。世界究竟由哪些对象构成、我们能否认识它们以及如何认识它们，是哲学的基本问题。特别地，除了苹果、神经元、中微子之类的具体对象，有没有一些抽象对象，它们虽然不在时空之中，但仍然客观地存在着，这是自古以来就持续困扰哲学家的一个问题。在这个问题上，最具潜力的一些候选项是由数学提供的，因为至少初看起来，在数学中经常被谈论的那些东西，如自然数、集合、三角形等，显然都是不具有时空属性的抽象对象。这就为我们带来了数学哲学，它不是哲学之树的边缘性的、无足轻重的小分枝，而是处在哲学之经典领域——本体论和认识论的核心位置，旨在对数学对象和数学知识的本性进行哲学的省察与探究。

　　与大部分哲学分支一样，数学哲学的问题可以追溯至古希腊。但数学哲学成为哲学的一个成熟的、专业化的子领域，则是20世纪以来的事情。这也与人类知识的各个领域（尤其是数学和逻辑学）在19、20世纪的爆炸式增长和专业化趋势相呼应。而作为哲学的一个专门领域，当代数学哲学产生了形形色色的流派和观点，相伴而来的文献也浩如烟海。其中，影响尤为巨大的一种思想倾向是自然主义，而它正是本书的主题。

　　严格说来，数学哲学中的自然主义并不是一个数学哲学流派。因为要成为一个流派，至少应该对数学哲学的基本问题，如本体论问题，有一个特定的一致观点，而自然主义者在这些问题上却从未达成一致，他们中既有数学实在论者如蒯因，也有数学反实在论者如叶峰，还有本体论取消论者如麦蒂。但虽然如此，数学哲学中的自然主义者却都接受方法论自然主义的原则，并宣称自己的具体数学哲学观点是合理贯彻自然主义原则的结果，因此将他们放在一起讨论仍然是有意义的。

　　本书是对数学哲学中的自然主义思想进路的一个深度评述，力图站在自然主义内部对当代的各种自然主义数学哲学进行内在性的批评。这包括分析和反驳蒯因的不可或缺性论证、伯吉斯的数学-自然主义论证、巴拉格尔和麦蒂的折中主义立场以及叶峰的物理主义论证等。因为是对当前活跃的一些数学哲学争论的直接参与，读者不应期待将本书当作哲学史性质的著作或教材来读，特别地，我假定读者具备一些哲学和数理逻辑的相关背景知识，并对当前学界围绕数学哲学问题的争论有一定的了解。

　　另外，我仍希望本书的读者不只限于数学哲学专业的研究者和学生，而是包括更广泛的哲学受众。有两点理由支持这种希望：首先，哲学的固有本性决定了哲学中的专业分化总是相对的甚至表面的，任何读者只要对一般哲学问题感兴趣，就可以尝试阅读任何哲学专著；其次，本书有很大篇幅是对自然主义之内涵和意义的一般性讨论，而自然主义作为当前国际哲学界的一个主流思潮应当能引起哲学读者普遍的兴趣。

　　本书的部分内容源自我在北京大学哲学系攻读博士学位期间的研究工作，这些工作受惠于叶峰、刘壮虎、陈波、周北海、邢滔滔、王彦晶等几位老师的指点。尤其是叶峰，作为我的博士生导师和一位杰出的自然主义哲学家，对我给予了持续的帮助和启发。我希望可以把本书看作是对他的《二十世纪数学哲学——一个自然主义者的评述》的续貂之作。此外，本书中的一些想法还得益于与其他一些学者的交流，如郝兆宽、杨跃、杨睿之、麦蒂等，这里难以列出完整的清单，谨一并致谢。

　　本书能够出版，要感谢山西大学科学技术哲学研究中心的资助，包括我在中心的各位同事，他们对我帮助甚多。还要感谢科学出版社科学人文分社的编辑团队，特别是邹聪女士，他们在本书的编辑过程中认真负责，指出了很多问题。书中可能仍有一些疏漏之处，责任当然均由我来承担。

　　最后，我要感谢我的妻子在本书写作过程中给予的支持和鼓励，还要特别感谢我们即将出世的孩子，他让我对每一天充满期待。

高　坤
2019 年 1 月 1 日

目　录

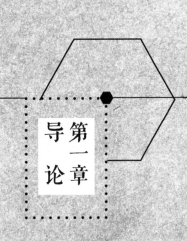

第一章

导论

第一节　数学哲学的基本问题

数学这门科学在很多方面都显得与其他科学不同。比如，数学达到真理的方法似乎是一种不依赖于经验观察的、纯粹先天的方法，数学家通常仅仅诉诸直观自明性和逻辑推演为自己的结论做辩护，并且结论一旦做出，似乎就成为确定不移的东西，对"无情的历史变迁"具有一种令人惊叹的免疫性。不仅如此，数学所谈论的那些对象如集合、自然数、实函数、希尔伯特空间等，也表现出显著的特异性：它们不像苹果、水或氢原子等具体对象那样会生成或毁灭，也没有颜色、味道之类的可感性质，它们甚至不在时空中，仅仅是抽象的对象。在所有这些方面，数学都与经验科学如物理学形成了鲜明的对比，后者通常涉及细致的观察和精密的实验，结论只是尝试性地被提出，即使被普遍接受，其为真也绝非"不折不扣"，而它的对象——从大质量天体到水的波动再到希格斯玻色子——总是处在时间与空间之中，并与其他时空中的对象保持一种因果性的联系。

数学与其他科学之间的上述差异使得它常常被冠以"演绎科学"和"形式科学"的名称。它们凸显了数学在哲学上的不平凡性，表明数学在哲学上是一个十分值得探究的主题。概括说来，数学的上述特异性恰好对应着关于数学的两类基本哲学问题，即认识论问题和本体论问题。认识论问题追问的是我们是如何获得数学知识的、它们是先天的还是后天的、是分析的还是综合的，或者，也许数学根本不是知识？本体论问题则关心数学对象的形而上学性质、它们是客观存在的抽象对象还是人类心灵的主观构造，或者，它们根本不是对象，而是依附在物理对象身上的某种性质或形式？

关于数学的这两大哲学问题可以衍生出很多更具体的问题。比如，排中律和非直谓定义是否合法，数学直觉具有怎样的性质，是否存在不可知的数学真理，连续统问题[①]是否有意义，如此等等。它们往往涉及一些特定

---

① 连续统问题追问的是连续统亦即实数集的大小，本书第五章有对它的更多介绍和讨论。

的数学结果或实践，但从概念上说都从属于两大基本问题，即要么它们是基本问题的下属子问题，要么关于它们的回答在很大程度上被关于基本问题的立场所决定。以非直谓定义的合法性问题为例。一个定义是非直谓的，如果它指涉被定义对象所属的总体，比如，可以将毕达哥拉斯定义为"古希腊最神秘的哲人"，这就是一个非直谓的定义。经典数学中有很多这样的定义，如实分析中的上确界定义，而一位哲学家是否愿意接受这种定义，则与他关于数学对象的本体论观点紧密相关：如果他认为数学对象是心灵的构造，定义一个数学对象是在创造这个对象，那么非直谓定义显然就是不合法的，而"如果问题是关于独立于我们的构造而存在的对象的，那么存在着这样一些总体，它们包含着一些只有通过指涉其所属总体才能描述的，即唯一地刻画的成员，就毫无荒谬之处"（Gödel，1990a）。另外，既然是关于定义方法的问题，那么非直谓定义问题还可以很自然地被看成是认识论问题的一个子问题。结合上面的分析，也许我们还可以得到这样一个洞见：与认识论问题相比较，本体论问题具有更基础的地位，因为如果不确定数学对象的本体论性质，就很难追问我们是如何获得关于那些对象的知识的。

关于数学的本体论和认识论问题在历史上很早就被触及了。柏拉图在《理想国》第七卷中就曾对当时的几何学家加以嘲笑，认为他们根本没理解自己所研究的对象究竟是什么，因为他们惯于使用诸如"画一个圆""将一条线段平均分割成两段"之类的动态语言，好像几何对象是可以生成和毁灭的一样，而在柏拉图看来，数学对象属于变化的物理世界之外的一个永恒之域，近似于他所说的理念（也译作"相""形式"等），动态语言对它们完全不适合。至于处在永恒之域的数学对象如何能被人类认识，柏拉图并没有讲得很清楚，一方面，他肯定理性具有某种把握理念的能力，从而可将数学知识归为这种理性知识；另一方面，在《美诺篇》中他又通过描述一个奴隶如何被引导认识到一个几何真理的故事提出了所谓的"回忆说"，按照这种观点，我们的灵魂在堕落到身体中以前曾"看见"过数学对象和理念的世界，并对它们保持着潜在的记忆，认识它们实际上是对这种前世经验的回忆。

对于柏拉图基于理念论的上述数学哲学，他的学生亚里士多德表示了反对，正如亚里士多德反对理念论本身一样。亚里士多德不同意把数学对象置于时空之域以外，主张数总是某物的数，数学研究的对象或性质存在于物理对象之中，而我们关于它们的知识也在一定程度上依赖于我们对可感世界的经验。

柏拉图和亚里士多德通常被分别视为哲学中的理性主义和经验主义两大传统的鼻祖，类似地，他们在数学本体论和认识论问题上针锋相对的两种观点也确立了后世数学哲学思想的基本分野。但同时也必须承认，他们的观点还相当粗糙，远不能令人满意。

在柏拉图和亚里士多德之后，关于数学之本性的哲学思考长时间没有实质性进展，直到 18 世纪后期康德出现。事实上，在康德之前，哲学早已在笛卡儿、洛克、休谟和莱布尼茨等人笔下进入了一个认识论的辉煌时代，约有两个世纪的时间，关于知识本性的讨论都占据着哲学研究的核心。然而，哲学的这种认识论转向和伴随它的理性主义与经验主义之间的持续交锋，带到康德面前的并不是人类知识的一个可靠基础，而毋宁说是独断论与怀疑论的两难。并且康德之前的近代认识论哲学，没有对数学给予特别的重视，关于数学知识的哲学解说仅是一些未深入的零散片段。正是在这样的历史境况下，康德勇敢地承担起了调和理性主义与经验主义两大思潮的重任，并把对数学知识的思考作为他的伟业的开端。

首先，康德明确了两个先前已经被哲学家广泛使用的重要区分，即先天知识-后天知识的区分和分析真理-综合真理的区分，前者根据认识是否依赖于经验来判别，后者则以谓词的概念是否被包含于主词的概念之内为标准。然后康德断言，（大部分）数学知识，比如 7+5=12，乃是先天综合知识，因为我们不是通过对事物进行经验观察得知 7+5=12 的，而且 12 的概念也没有包含在"7 和 5 相加"的概念之中。正是从这样的前提出发，康德提出了其哲学宣称要回答的那个核心问题：先天综合判断如何可能？众所周知，康德的答案就是他所谓的"哥白尼式革命"，其要点为：主体不是纯粹被动地接受经验，而是在很大程度上塑造经验；主体的认识器官不是白板而是有着丰富的感性和知性设定，如时间和空间就是感性的先天形式，而实体性、因果性等则是知性的先天概念或者说是范畴，它们是经验得以可能的先验条件。也就是说，在康德看来，经验对象之所以被经验为处在时空和因果关系之中，不是因为对象本身具有时空和因果性质，而是因为主体的认识器官的某种先验加工。根据康德的观点，这就是先天综合知识得以可能的根源，它们来自我们对自身认识装置中的先验要素的觉察。特别地，数学知识不能仅凭概念分析得到，而要借助直观，因而是综合的，但同时又是先天的，这之所以可能是因为它们只关乎感性的纯形式——时间（对应算术知识）和空间（对应几何知识），得到它们是通过先天直观中的概念构造而非经验性观察或概念的单纯分析。

康德哲学的很多方面在今天依然重要，但他关于数学的说明在今天看来则有一些致命的缺陷。比如，康德所论及的数学仅限于初等算术和三维以内的欧几里得几何，然而，在康德之后不久的 19 世纪，抽象代数、非欧几何、无穷集合论等越来越抽象和复杂的数学迅速发展起来，它们能否为康德的数学哲学所容纳，是一件十分可疑的事情。康德将数学知识与关于时间和空间的纯直观紧密联系，如果说初等算术和欧几里得几何这样来理解还能说比较自然，那么对非欧几何和其他抽象数学也做同样的理解却很难不陷入牵强附会。当然，我们也许可以不把非欧几何与康德式直观捆绑，而把它们视为与纯直观不符的概念游戏，但这样一来，它们还是先天综合知识吗？如果是，它们的基础又在哪里？如果不是，它们又何以在经验科学中得到广泛的应用（如黎曼几何在相对论中的著名应用）？须知在康德那里，正是因为数学关乎经验的先验条件即时空形式才保证了其经验上的普遍可应用性或康德所说的客观有效性。而相比于非欧几何，实数理论、无穷集合论等对康德数学哲学的挑战也许更为巨大，因为感性直观下的数学是难以达到实无穷的，实际上，在康德那里，实无穷是二律背反的主要根源，超出了理性认知的合法界限。康德数学哲学的另一个严重缺陷是他对逻辑的狭隘理解，在他看来，逻辑无须超出亚里士多德的三段论，所有简单命题本质上都可以按主谓结构来分析,这部分地导致他认为 7+5=12 之类的命题不可能是分析的,但后来关系逻辑和量词理论的发展使这种看法变得不那么可信了。

上述关于康德数学哲学之缺陷的分析,同时为我们揭示了数学哲学接下来的一个重要时期(19 世纪末到 20 世纪中叶)的两个历史背景,即数学和逻辑学的革命性进展。它们直接决定了 19 世纪末到 20 世纪中叶这个伟大时代的数学哲学的两大总体特点:第一,以为数学建立严格的基础为主要目的;第二,在方法和手段上极为倚重逻辑学的新成果与新技术。具体的实践表现则主要是所谓的"三大主义":逻辑主义、直觉主义和形式主义。但在介绍三大主义的内容之前,我们先要对那两个历史背景和它们所塑造的时代精神做简要阐释。

在 19 世纪,一方面,代数、分析和几何等数学分支一路高歌猛进,产生了远超以往的丰富而崭新的数学结构和工具;另一方面,人们逐渐意识到,繁荣景象下实际也暗藏着危机。首先,有些被广泛使用的数学概念如无穷小量、实数、函数等缺乏严格的定义,甚至常常表现出令人生疑的古怪性质。其次,数学各分支除了自身向专门化发展外还表现出高度的交叉,代数结构、分析概念和几何对象的紧密互联在结下硕果的同时也引发了一个问题——这种概念和证明方法的跨界运用依据何在?所有这些使得数学内部产生了一种为数学建立新的统一和严格的基础的要求,它是对古希腊欧几里得《几何原本》所树立的严格性典范的现代回响,即要求像后者那样将全部数学建立在几条明确的公理和推演规则的基础上。柯西和魏尔斯特拉斯使用 ε-δ 语言对极限概念的严格化、康托和戴德金用有理数的无穷集对实数的定义等,都是这种基础理想的表现。但如果仅止于此,这一切与我们关心的哲学问题就还不是很相干,因为它们完全是数学内的技术性研究,是数学的自我严格化和统一。实情当然没有这么简单,争论很快延伸到哲学,延伸到关于数学的认识论和方法论问题上去。原因主要在于,康托、戴德金等为了获得完备的实数理论,不加限制地使用了"任意自然数集"及"自然数集合的集合"等实无穷概念，而实无穷概念的合法性在当时的很多数学家和哲学家看来是有问题的。事实上，这种对实无穷的怀疑从属于一个古老而强大的传统，从古希腊关于无穷的各种悖论（以芝诺悖论最具代表性）就已经开始。以我们先前谈及的哲学家为例，首先容易想到的就是亚里士多德，他明确主张无穷只能是潜在的，"完成了的无穷"是不可想象的和没有意义的。此外，康德关于二律背反的阐述也以实无穷概念为关键点，而在他的正面哲学学说中，作为经验形式的时间和空间都天然地只能是潜无穷的。然而，正是哲学史上如此可疑的东西，却在 19 世纪末的数学基础理论中扮演着至关重要的角色，其引发空前的大争论是不难理解的，而正如后面的分析会显明的，三大主义中的至少两个——直觉主义和形式主义，都可以被看作对这个问题的直接回应。这样，关于数学基础问题的研究就由数学自身内部对严格性的单纯追求演变成涉及数学之本性、认识论和方法论等哲学问题的一种综合性研究，成为数学哲学史上极为重要的一环。

如前所述，19 世纪末到 20 世纪中叶的数学哲学的另一个重要背景是逻辑学的突破性进展。这要特别归功于一个人：弗雷格。与同时代的其他很多数学家一样，弗雷格很关心数学的基础问题，特别地，他认为甚至连初等算术的基础都是含混不清的，数学家和哲学家关于自然数概念的已有阐述都经不起推敲，并决意要为算术奠定一种严格的基础。弗雷格注意到，算术真理具有与逻辑真理一样的普适性，因而猜想算术也许可以从逻辑真理导出。但要实现这样的目标，弗雷格认为，首先要有一套严格的、无歧义的工作语言，而与日常语言在逻辑形式和语义上的模糊性相比，数学中大量运用的符号语言表现出明显的优越性，于是他模仿后者创制了一种逻辑形式语言，即他所谓的"概念文字"（conceptual script）。除了符号化的外在特征外，概念文字在三点上对旧有的亚里士多德逻辑做出了实质性的超越：第一，严格区分概念和对象，用函项-主目（fuction-argument）刻画替代了亚里士多德关于命题的主词-谓词分析；第二，将全称和存在量词从主

词中分离出来，揭示了命题的量词结构；第三，对关系赋予了应有的逻辑
地位，避免对它们做同化于性质的处理。弗雷格所创立的这种逻辑，经过
罗素、希尔伯特等人的推广，成为数学基础研究的有力工具，同时，其自
身也在基础研究的驱动下进一步发展，成为一门丰富的新学科，即数理
逻辑。

现在可以介绍三大主义的观点本身了，我们从逻辑主义开始。事实上，
刚才已经部分地透露了逻辑主义的主要观点，它不过是弗雷格"算术真理
可从逻辑真理导出"论题的一般化（弗雷格本人并没有走向这种一般立场，
他只断定算术可以逻辑化，对几何则仍然持类似于康德的态度），即认为全
部经典数学都可以归约为逻辑，数学真理就是逻辑真理。因此，弗雷格是
逻辑主义数学哲学当然的开创者和奠基者。弗雷格之后，逻辑主义的代表
人物还有罗素、卡尔纳普等，他们在不同方面改造和发展了弗雷格的原始
规划，但逻辑主义最精华的成就无疑属于弗雷格。[①]

从逻辑导出算术意味着要用逻辑词项定义算术概念并用逻辑法则证明
那些用逻辑词项重新表达了的算术定理。弗雷格以一种异常精妙的方式（在
很大程度上）做到了这些，所使用的概念不过是概念、对象、外延、同一
等几个十分简单和有理由算作逻辑概念的概念，生动地向人们展示了从
很少的东西出发仅凭逻辑可以构造出多么丰富的体系。其关键步骤如下：
①利用可在纯逻辑语言下表达的"一一对应"关系定义概念间的"等数"
关系；②根据所谓的休谟原则确定一个概念的数与另一个概念的数是否相
等，即概念 F 的数等于概念 G 的数当且仅当 F 和 G 等数；③将 0 定义为
概念"与自身不等同"的数，将 1 定义为概念"等于 0"的数，将 2 定义为
概念"等于 0 或 1"的数，类似地可定义任意个别的自然数；④定义 n 为 m
的后继当且仅当存在概念 F 和适用它的一个对象 x 使得 n 是 F 的数且 m 是

---

① 考虑到本书的目的和篇幅，我们在这里不能对逻辑主义数学哲学做详细介绍，而只能简要描绘
逻辑主义的核心观念和结果，正如之前我们对柏拉图、亚里士多德、康德所做的以及后面对直觉主义、
形式主义等将做的那样。如果读者对三大主义或数学哲学从古到今的其他各种立场观点及其发展的历史
细节有更多的兴趣，可以参考 Shapiro（2000）和叶峰（2010）。

概念"适用 F 但与 x 不同"的数；⑤利用自然数归纳法原理所暗示的那种性质给出自然数的一般概念，即 n 是一个自然数当且仅当 n 适用每个对 0 成立且对后继关系封闭的概念（这样的数又称为"0 的后代"）；⑥从以上定义和休谟原则出发证明算术的基本原理如归纳法原理，这一结果现在被称为弗雷格定理；⑦定义一个概念 F 的数为"与概念 F 等数"这个概念的外延，并从它和关于外延的一些基本法则导出休谟原则。

弗雷格对算术的上述逻辑化几乎是完美的，但却在最后一点即步骤⑦上遭遇了滑铁卢。步骤⑦用外延概念显式地定义了"一个概念的数"这个概念，弗雷格这么做的原因，主要是为解决所谓的"恺撒问题"，即为自然数确定唯一身份的问题。休谟原则给出了判定两个概念的数是否同一的标准，但其却不能被用来辨别一个概念的数是不是与一个任意给定的对象如恺撒等同，而弗雷格认为，后一种辨别力对于关于数的完整刻画来说是必要的，因而提出了步骤⑦。然而，这一方案却要用到"基本法则五"，它断言对于任意概念 F 和 G，F 的外延等于 G 的外延当且仅当对任意对象 x，Fx 当且仅当 Gx，而罗素表明，此法则会引发悖论①，是自身不一致的。这样，弗雷格的算术逻辑化事业就陷入了破产的危险。

弗雷格本人在悖论面前倾向于放弃逻辑主义，但罗素却认为情况并没有那么糟。他（和怀特海一起）充满激情地接过了逻辑主义的火炬，试图用一些复杂的设计来挽救它。罗素将悖论的根源归咎于非直谓定义而非"基本法则五"本身，认为前者包含一种恶性循环，并提出恶性循环原则来禁止它们。但非直谓定义在经典数学中大量存在，甚至在弗雷格从休谟原则推导算术基本原理的过程中也扮演着重要角色（主要是自然数的定义），为了拯救经典数学，罗素不得不引入简单和分支类型论，以及无穷公理和可归约性公理等难以被视作逻辑法则的工具，其结果很难让人信服是逻辑主义原始计划的完成。

---

① 用纯粹集合论的术语，罗素悖论可简单表述如下：考虑由全体不属于自身的集合构成的集合 R，显然有 $R \in R$ 当且仅当 $R \notin R$，这是一个悖论。罗素悖论用弗雷格原始的概念和外延术语表述起来会复杂一些，具体可参见叶峰（2008a）。

与康德的数学哲学相比，逻辑主义数学哲学的一个显著特点是对直观（或称直觉）的摒弃。直观在康德那里对于数学知识而言至关重要，数学知识源自先天直观中的概念构造，也正因如此，数学知识是综合的。针对这种立场，弗雷格提出了异议。他认为，至少在算术中，直观是不必要的，数学知识的证成（justification）可以建立在纯粹的逻辑法则上，并断言在这个意义上，数学实际上是分析知识。与逻辑主义对康德的这种彻底背离相反，三大主义中的直觉主义则试图继承康德的衣钵，在其数学认识论中赋予直觉不可替代的核心地位。在直觉主义者看来，数学是人类理智的一种主动创造而非对某种独立于人类心灵的实在的发现和认识，在数学中，存在即被构造，真即可证明，而人类的一切数学构造都以人的一种基本直觉能力即对时间的直觉为基础。直觉主义的主要代表人物有布劳威尔、海廷和达米特等。

将数学视为心灵的构造，使得直觉主义无法容纳经典数学中的很多东西。比如，直觉主义者反对在数学中使用排中律及依赖于它的各种经典逻辑规则。排中律告诉我们，对任意的数学命题 φ，φ 或者 $\neg\varphi$ 成立，但对于直觉主义者来说，这意味着要么 φ 可证，要么 φ 会导向矛盾这件事可证（即 φ 不可证这件事本身可证），而后者显然不是先天自明的。排中律的一个重要推论是双重否定消去规则，它允许人们从 $\neg\neg\varphi$ 得到 φ，此规则在直觉主义者看来是不可接受的。我们用一个具体的例子说明这一点。考虑自然数上的一个性质 φ 和命题 $\exists n\varphi(n)$，对于直觉主义者来说，只有给出了构造一个满足性质 φ 的自然数 n 的方法时才能确立 $\exists n\varphi(n)$，而确立 $\neg\neg\exists n\varphi(n)$ 则要求证明 $\neg\exists n\varphi(n)$ 是矛盾的，但从 $\neg\exists n\varphi(n)$ 出发构造一个矛盾和构造一个自然数 n 以满足性质 φ 显然是两码事，也就是说，从 $\neg\neg\exists n\varphi(n)$ 不能直接得到 $\exists n\varphi(n)$，因而双重否定消去规则不再适用。基于相似的精神，非直谓定义和实无穷也被直觉主义者排除在合法数学之外，因为前者构造对象时预设了对象所属的总体，后者则假定心灵可以完成无穷多个对象的构造，从心灵构造的观点看，二者显然都是不合理的。不难想象，对经典逻辑和数学方法的如上种种拒斥和修正，会导向一种与经典数学极为不同的数学，这就是直觉主义数学，其所使用的逻辑则是直觉主义逻辑，但关于它们的细节我们在这里不再赘述，感兴趣的读者可参阅 Heyting（1956）和 Bishop（1967）。

接下来我们简要介绍一下三大主义中的最后一个：形式主义。形式主义主张数学的本质在于按照规则操作符号，而符号本身可以是无意义的。与逻辑主义和直觉主义相比，形式主义也许最容易在 19 世纪末 20 世纪初的数学家群体中获得共鸣，因为它的基本精神直接来自 19 世纪抽象数学的巨大发展。后者让人们越来越认识到，数学可以离直观十分遥远，从任意约定的公理出发按照逻辑规则演绎即可，公理本身可以是未经解释的，或者按照形式主义的主要代表希尔伯特的提议，公理可被视作对它们所涉及的非逻辑符号的隐定义。一方面，形式主义和逻辑主义有相似之处，比如，它也摒弃了直观在数学中的根本性作用，只赋予其直观动机和启发性价值，并特别注重公理与定理之间的逻辑后承关系；另一方面，形式主义又靠近直觉主义，比如，它对实无穷的微妙态度，以及它对数学可归约为逻辑的强烈质疑。但毫无疑问，在根本层面上，形式主义与另外两种立场有着深刻的差异。有很多不同的观点都曾被冠以"形式主义"的名称，这里我们以希尔伯特的成熟版本为准。

早在 1899 年，希尔伯特就出版了他的《几何基础》一书，这是他的数学基础研究的第一项重要成果。在该书中，希尔伯特试图践行形式公理化的思想，即抽象掉点、线、面等几何词项的直观意义，将它们看作未定义的初始词项，而任何可满足公理所陈述的关系的东西（用希尔伯特自己的例子，如桌子、椅子和啤酒杯）都可以发挥充当点、线、面的作用。传统上的直观在几何学中所扮演的不可或缺的角色消失了，取代它而跃居主导地位的是逻辑推理，逻辑依赖关系本身成为被思考的对象。希尔伯特主张将这种公理化方法推广到数学的所有领域，为已有的数学分支建立公理系统和通过约定新公理创立新的数学分支，它包含对初始概念间关系的完全描述，并在这个意义上隐含地定义了那些初始概念，而不要求后者拥有实在的指称或直观上的意义。

在形式公理化思想的基础上，希尔伯特进一步提出了所谓的希尔伯特计划，它是对 19 世纪末 20 世纪初由实无穷和悖论引发的基础性危机的一种回应，也是希尔伯特形式主义的巅峰表达。实无穷在形而上学和认识论上的特异性使得它遭到直觉主义者的严厉非难，但在康托、戴德金提供的经典实数理论中它又不可或缺。另外，罗素悖论之类的二律背反的发现，使人们对数学的自身一致性产生怀疑：数学方法真的可靠吗？希尔伯特计划的目的就是要一劳永逸地解决这些问题，从而为数学奠定坚实的基础。这主要包括两点：首先，希尔伯特声称没有人能将我们从康托所建立的无穷乐园中赶出去，坚决认为应当在数学中保留实无穷，但考虑到实无穷的哲学处境，希尔伯特提出，可以将它们视为类似于几何学中的无穷远点的"理想元素"，它们虽然是一些没有实在指称的无意义符号，但却可以让许多东西变得简单和统一，是高效的工具。这就是说，希尔伯特区分了两种数学，有实在内容的有穷数学和不表示任何东西的理想数学，后者对前者有用，能帮助前者快捷地得到真的有穷陈述，但其本身则被形式地处理，是一种按照特定形式规则操作的符号游戏。其次，理想数学虽然可用，但前提是它不会导出假的有穷陈述，特别地，它必须是自身一致的，即不能推出矛盾，对一致性证明的追求构成了希尔伯特计划的核心内容。这里应当注意的一点是，理想数学因为本身不被认为具有客观真理性才特别需要一致性的证明，而有穷数学则不需要这种证明，因为有穷数学自身的真理性自动保证了有穷数学的一致性。要证明理想数学的一致性，首先要将理想数学形式化，即精确地刻画它的句法、公理和推理规则，这与弗雷格以来数理逻辑的发展正相匹配，也是希尔伯特在《几何基础》中所部分展示的。另外，为了避免循环，理想数学一致性的证明本身必须在有穷数学中进行，虽然关于希尔伯特所谓的有穷数学究竟涵盖哪些内容，学界并没有确定的解释（常见的一种说法是将它等价于原始递归算术）。这里我们无须追究有穷数学的确切范围，仅指出如下事实：希尔伯特计划通常被认为是落空了，因为哥德尔的第二不完全性定理告诉我们，甚至皮亚诺算术（peano arithmetic，PA）都不能证明理想数学（包括 PA 本身）的一致性，更不用说有穷数学了。

我们先前已经谈到，笛卡儿以来的近代哲学在很大程度上是由认识论问题主导的，而在数学哲学中，情况更是如此。从康德到三大主义，中心关怀始终是说明数学知识的认识论性质并为数学提供一个严格的基础。当然，这并不是说本体论问题被完全忽视了。事实上，我们从前面对三大主义的简略勾画已经不难看到，关于数学基础的立场往往蕴含着关于数学的特定本体论态度。比如，逻辑主义认为数学即逻辑，而逻辑普遍被认为是话题中性的、缺乏特定对象的，因此一个逻辑主义者很可能会否认存在特定的数学对象（当然，弗雷格是一个例外，他明确认为逻辑是有对象的，如概念、外延和思想，它们和自然数之类的数学对象一起存在于柏拉图式的超时空的第三领域中）。同样，在直觉主义思想中，数学本质上关乎人类的直觉和构造能力，不以任何实在的外部实体为对象。至于形式主义，它更是直接将大部分数学裁决为无意义的符号，仅对有穷数学做实在的理解，并且有穷数学的对象如自然数，也不被认作是独立于人类心灵和物理世界的抽象对象，而是由如下形象展示的、感官可感知的符号模式：|,||,|||,…。凡此种种，都说明了三大主义的本体论维度。但虽然如此，作为对数学之严格基础的一种寻求，三大主义始终没有将关于数学的本体论问题以鲜明的方式提出和进行专门讨论，一直到 20 世纪中叶前后，本体论问题在数学哲学研究中都完全处于从属的地位。

这种情况在 20 世纪六七十年代得以改善，主要原因有两方面：首先，集合论 ZFC 公理系统被提出和逐步完善，它能避免旧有的悖论并有充足的经验理由相信它将来也不会产生新的悖论（虽然鉴于哥德尔不完全性定理我们不能严格证明这一点），于是它被数学家普遍接受为经典数学的一个可靠基础，关于数学基础的争论渐趋平静。①其次，在蒯因和贝纳塞拉夫等人

---

① 这当然不是说数学基础研究绝迹了，只是基础研究不再是回应所谓“数学危机”的宏大事业，而是分化为数理逻辑的高度专门的子领域，如数学独立性现象研究、反推数学等，并与关于数学的哲学研究渐渐分离。

的一系列重要著作的影响下，数学哲学家比以往更充分地意识到了数学本体论问题的严重性和深刻性，并将更多的注意力投向它。这两方面合力作用下的结果是，数学哲学发生了全局性的主题更新，从宏大的基础研究转向关于数学对象实在性的更加纯粹的哲学研究，数学哲学与数学基础因而在很大程度上分流，数学本体论问题成了数学哲学的中心议题。两种针锋相对的观点——数学实在论和反实在论——分别被提出和捍卫，它们之间激烈而持久的争论塑造了当代数学哲学。但在进一步介绍这一争论之前，我们有必要先对数学实在论和反实在论的内涵做适当的阐明。

在当代语境中，数学实在论通常被区分为两种：本体论实在论和真值实在论。前者是关于数学对象（自然数、集合、函数、拓扑空间等）的客观实在性的断言，后者则注意于数学陈述本身的客观真理性。这里的"客观"是指对于人类心灵、语言和认识的独立性，也就是说，数学对象或数学真理不是人类的创造，而是等待数学家去发现和认识的东西。比如，以连续统问题为例，虽然连续统假设已经被证明独立于数学家通常所接受的数学公理——ZFC公理系统，因而其真假是现有数学无法判定的，但一个真值实在论者会坚持认为它仍然是一个有意义的命题，有着客观而确定的真值，而如果他同时是一个本体论实在论者，则他会补充说这个确定的真值由实数集的客观性质决定。这里需要强调的是，虽然本体论实在论者通常都是真值实在论者，但这两种实在论在逻辑上却是相互独立的。首先，真值实在论者不必是本体论实在论者，因为他可以重新解释数学陈述而使其不预设数学对象。例如，前面介绍的形式主义，它对有穷数学的态度就是真值实在论的和本体反实在论的，因为它试图将有穷数学陈述解释成关于可感知的字符而非数学话语直接谈及的那些东西，而对于理想数学，它则既是本体反实在论的也是真值反实在论的。再如当代的一些模态唯名论者，他们试图把数学陈述解释为模态陈述，以避免对普通数学对象的指称。由于语义解释对于真值实在论的重要性，真值实在论也常被称为语义实在论。很多人甚至认为，关于数学真正重要的事情就是真值的客观性，而非数学对象本身的客观性，并因此首选从真值角度刻画数学实在论。例如，达米特就把实在论定义为"相信所涉的陈述具有独立于我们对它们的认知手段的客观的真值：它们基于一种独立于我们的实在而为真或为假"（Dummett，1978，p. 146）。其次，本体论实在论者也不必然是真值实在论者，因为一个人可以在相信自然数存在的同时，坚持认为它们是不可知的，通常的数论陈述也不以描述它们的性质为旨趣，虽然这样的立场会显得很古怪，也很难设想有人真的会认真对待它。另外，数学实在论在历史上与柏拉图的名字紧密相连，这由我们之前对柏拉图数学观的匆匆一瞥已经可以看到，因此数学实在论也常被称为"数学柏拉图主义"。

　　规定了数学实在论的内涵后，就不难理解什么是数学反实在论了。它也可以分别从对象和真值两个角度考虑，一方面，它可以被理解成本体论反实在论，即否认数学对象的独立存在；另一方面，它又可以被解读成真值反实在论，即否认数学在真值上的客观性。数学反实在论又常被称为"数学唯名论"①，因为它在立场上与中世纪唯名论哲学有明显的亲缘关系。

　　正如前文所暗示的，本体论实在论者通常也是真值实在论者，并且惯于用数学对象的客观性来说明数学陈述在真值上的客观性，如哥德尔、蒯因等。与本体论实在论者在真值问题上的一边倒情况不同，本体论反实在论者在真值客观性问题上则分裂为几乎势均力敌的两个阵营：第一个阵营试图保留数学在真值上的客观性，如以海尔曼（G. Hellman）、赤哈拉（C. Chihara）等为代表的模态唯名论、某些形式的结构主义以及雅布洛（S. Yablo）的比喻主义②；第二个阵营则在反实在论上走得更远，干脆否定（大部分）数学在真值上的客观性，如菲尔德（H. Field）的虚构主义数学哲学③、叶峰的物理主义和严格有穷主义的数学哲学等。

————————

　　① 在本书的余下部分，除非特别说明，我们将把唯名论作为可与反实在论互换的同义词使用。同样地，柏拉图主义可与实在论一词互换。

　　② 见 Yablo（2001，2002）。

　　③ 虚构主义者有时也赋予数学语句以客观真值，但在他们那里，数学语句是空洞地为真或为假的，本质上仍然是真值反实在论的，参见本书第五章讨论巴拉格尔时对虚构主义的介绍。

虽然有上述一些微妙的区分，但大多数情况下，当人们谈到数学实在论与反实在论之争的时候，所指的都是本体论意义上的争论，而除非特别指明，在本书余下的章节中，笔者也将继承这一传统。这个争论主导了20世纪60年代以来的数学哲学①，主要的争论线索则是所谓的认识论论证和不可或缺性论证，前者被公认为是数学实在论面临的最大难题，后者则常常被描述为是对数学实在论的唯一值得认真对待的论证②。认识论论证诉诸数学对象的抽象性，即数学对象的非时空性和非因果性，以质疑实在论者关于它们客观存在并能被我们认识的论断：数学对象如自然数、集合等显然不同于月亮、苹果和电子等物理对象，如果它们同时又不是心理实体或心灵的构造物，而是独立于心灵而存在的，那么它们似乎就只能被置于某种超时空的和超因果的第三领域之中，像理念一样寂静地躺在柏拉图的天堂里。但这样一来，我们人类作为物理时空中的因果性生物又是如何认识它们的呢？这个论证通常被归功于贝纳塞拉夫，他将这个问题作为对实在论者的一个挑战而明确地提出来③，所以关于抽象对象的认识论问题也被称为贝纳塞拉夫问题。与认识论论证的方向相反，不可或缺性论证试图支持数学实在论，依照此论证，既然数学对象对于我们最好的科学理论来说是不可或缺的，那么我们就应该赋予它们与原子、电子等物理对象同等的本

---

① 除了基础和本体论传统以外，我们也许应该承认20世纪的数学哲学里还有第三个传统，即以拉卡托斯（I. Lakatos）、基歇尔（P. Kicher）等人为代表的历史-实践传统。该传统强调对数学做更忠实于数学发展的历史分析，仔细解剖数学的实际实践，而对脱离数学实践的本体论争论表现出一定的疏远和抗拒。对于遵循这个传统的数学哲学家来说，更有趣的问题是这样的一些问题：数学是如何成长的？何为数学进步？在发现方法和证成方法之间有没有严格的界限？这样的一些研究有它们内在的价值，近年来也逐渐变得时髦，参见Mancosu（2008）。但笔者认为，数学哲学的中心问题仍然是本体论、认识论问题，对数学实践之细节的关怀在很大程度上也应以更好地解决这些问题为导向，否则就仅具有纯粹历史的价值而缺乏哲学上的意义。

② 另外我们也应该注意到，很多有影响的数学实在论者之所以坚持实在论立场，并不是因为不可或缺性论证，如哥德尔，他坚持实在论主要是因为，离开抽象对象，经典数学的真理性很难得到解释，即因为抽象对象对经典数学而非自然科学是不可或缺的。事实上，本书第四章所讨论的一种对数学实在论的自然主义论证也可以归入此类别。

③ 参见Benacerraf（1973）。贝纳塞拉夫在该文的原始论述中预设了一种因果知识论，因而容易受到攻击，但认识论论证可以被改造，参见本书第四章的相关讨论。此外，贝纳塞拉夫在该文中还提出了一个针对数学反实在论者的挑战，即提供对数学话语和其他话语的一个统一的语义学，但其学术影响相对较小。

体论地位。不可或缺性论证主要归功于蒯因，虽然后者并没有使用这个名称，但因为普特南（H. Putnam）对它的阐述和发挥，此论证又常被称为"蒯因-普特南不可或缺性论证"。

在当代数学哲学领域中，关于认识论论证和不可或缺性论证的文献浩如烟海，当代的很多数学哲学理论都可被看作对它们的回应，如前面提到的各种数学唯名论观点，而在本书中，它们也将是反复出现的主题。更一般地，本书作为一项关于当代数学哲学的研究，会在很深的层次上涉及当代数学实在论与反实在论之争①。但本书不是要对这场争论做全盘考察，那远远超出本书的范围。本书的主要目的仅仅是考察当代数学哲学中的自然主义思想，尤其是蒯因通过不可或缺性论证给出的原初版本和蒯因之后试图对蒯因自然主义数学哲学进行修正和改进的几种自然主义数学哲学，它们构成了当代数学哲学中的一个大类。并且，这一考察本身将遵循自然主义的基本原则，而不预设任何反自然主义的立场，其最终意图也不是要反对数学哲学中的自然主义，而是要为构建关于数学的更合理的自然主义说明奠定基础或指引方向。但为了更好地规定笔者在这里所关心的问题和本书的任务，我们必须先概览性地了解一下当代哲学中的自然主义思潮和当代自然主义数学哲学的总体面貌，对哲学自然主义的基本原则和精神，以及这一进路下产生的关于数学之本性的各种观点，有一个初步的了解和把握。

第二节 哲学自然主义

"自然主义"这个术语在很多不同的领域被使用，含义也多种多样。比如，在文艺理论中它被用来指称以福楼拜、左拉等为主要代表的一种小说创作倾向，其主要特点在于强调按照事物的本来面貌进行中立客观的描写和对人物做生理学的分析。在通俗文化中，它常被用来表示一种激进的生活理念，这种生活理念对所谓的人类文明持有一种强烈的负面看法，主张

① 叶峰（2016）包含对这一争论的一个精彩而简明的介绍和评论。

回归更加原始、质朴和亲近自然（如裸体）的生活。另外，"自然主义"还是某些特定的宗教思想和教育思想的名称。对于"自然主义"的这些用法，我们都不考虑。我们这里所关心的仅仅是哲学中的自然主义，并且是它在当代理论哲学中的版本或形式。从整个哲学史来看，广义的哲学自然主义泛指这样一种观点：一切现象都可用自然原因和自然规律来解释，没有超自然的东西。它最早可追溯到古希腊的自然哲学家，后者的突出特点就在于强调"用自然解释自然"。应该说，当代语境中的自然主义在精神上承袭了这种经典的自然主义观念，但具有更为精致、复杂的内在逻辑和理路。

当然，即使限制在当代理论哲学的范围内来看，"自然主义"也不是指一种单一确定的哲学立场，而是一个意义相当宽泛的标签，其下汇聚了形形色色的哲学观点。关于什么样的学说才算是自然主义的，哲学家意见不一，并常常有激烈的争论（正如本书后面的研究将部分予以呈现的）。

有时候，它被用来表示一种极为强硬的本体论观点，即存在的一切都是物理的，其中，"物理的"常常被解释成等同于"处在时空中和具有因果效力的"，特别地，诸如上帝、灵魂、先验自我、绝对精神之类的事物都不是物理的，因此都不存在。例如，阿姆斯特朗（D. Armstrong）就将自然主义定义为这样一种观点："实在无非就是一个包揽一切的单一的空间-时间系统"（Armstrong，1980，p. 149），我们只应该相信具有因果效力的实体存在。这种形式的自然主义通常被称为"本体论自然主义"，虽然就其上述内涵来看，用"物理主义"这个词来称呼它也许更直白和恰当一些，并且事实上后一术语也是很多人的选择。但无论如何，区分"本体论自然主义"和"物理主义"这两个术语仍然有重要意义，因为后者在当代哲学界常常被视作心灵哲学的专用术语，专指心灵哲学中关于心智属性的一种影响广泛的观点：心智属性在某种深刻的意义上随附于人脑的物理属性。物理主义和自然主义密切相关，甚至常常被认为是自然主义的一个推论，对于它我们在本书第六章还会做更详细的介绍。

更多的时候,"自然主义"被用来指称一个或一组方法论论题,其要点在于:拒绝对科学方法做笛卡儿式的怀疑,并摒弃与这种怀疑相关的第一哲学传统,认为科学方法是我们所拥有的认识这个世界的最好方法,哲学与科学是连续的事业,并没有任何在先的、高于科学方法本身的第一哲学方法,哲学应当自然化。这被称为"方法论自然主义论题",关于它我们至少应当从两方面来理解:其一,就其涉及对待科学理论的具体态度而言,方法论自然主义包含特定的科学哲学立场,比如,它是科学实在论的,因为它主张字面地理解科学理论的基本论断,将科学当作世界观,而不仅仅是组织和预测经验的工具;其二,方法论自然主义显然又是一个元哲学论题,它告诉我们应当如何做哲学、哲学的正当方法是什么,以及如何处理哲学与科学之间的关系。这两方面相比较,后一方面更为根本,是方法论自然主义的灵魂所在,但也更模糊,可能会造成有歧义的解读。比如,这里的"科学"包括哪些部门?数学是科学吗?这也导致方法论自然主义有时会被限制在特定的学科领域加以阐释和发挥,如本书后面会深入探讨的一些数学自然主义观点。另外,模糊性还容易滋生曲解。比如,有一种常见的做法是将方法论自然主义与某种"哲学在先"(philosophy first)原则对比,从而将方法论自然主义理解为所谓的"哲学忝列末位"(philosophy last if at all)原则,但笔者认为这包含着对自然主义基本精神的一种深刻背离,正如本书后面会表明的。总之,方法论自然主义的基本原则虽看似简单,但其中却颇有些微妙曲折处值得细究,对它们的探讨也构成了本书的主题之一。

方法论自然主义与本体论自然主义之间有明显的联系。事实上,很多自然主义者如 Papineau(1993)和叶峰(2012),都认为后者可由前者导出,因为前者要求我们信任科学方法,而现代科学提供给我们的宇宙图景完全是物理的。但这个问题我们留待后面再讨论。目前仅仅指出,方法论自然主义而非本体论自然主义是笔者在本书中所接受的逻辑起点和分析框架,虽然方法论自然主义的确切含义本身还需要进一步的阐释和规定。除非特别说明,本书后面凡提到"自然主义"都是指方法论自然主义。

　　如果说在当代国际理论哲学界（分析传统下的）有什么高度一般性的观点可称为"主流"的话，那么自然主义很可能是首选。自20世纪中叶以来，很大程度上是在蒯因著作的影响下，自然主义已经被理论哲学界越来越多的哲学家所接受，成为一股强大的思潮，其影响波及形而上学、数学哲学、心灵哲学和科学哲学等当代理论哲学的各个领域。例如，2009年国际上针对哲学教授和学生曾进行过一项大规模的（样本量达到3226人）观点调查，结果显示，对于"元哲学：自然主义还是非自然主义"这个问题，有49.8%的被调查者选择了"接受或倾向于自然主义"，24.3%选择了"其他"（包括"问题有歧义""不熟悉这个问题""某种中间观点"等），而仅有25.9%的被调查者选择了"接受或倾向于非自然主义"。①固然"自然主义"标签经常被宽泛地使用，甚至有些哲学家在以"自然主义者"自称的时候仅仅是在表达对科学的一种友好或尊重态度，从而会使上述自然主义主流论打一些折扣，但这无伤于总体的判断。无论如何，越来越多的人愿意称自己为一个自然主义者，并在自然主义的框架下从事哲学研究工作，以至很多学者认为哲学在20世纪后半叶发生了一个重大转向，即自然主义转向。这一转向本身是一个值得深思的现象。按照一种流行的看法，哲学反映时代精神。自然主义也许正是某种时代精神的折射，这提示我们从我们这个时代的大背景中寻找自然主义盛行的原因。

　　那么，审视我们的这个时代，它有哪些特征与自然主义转向相关呢？考虑到自然主义对科学的强调，首先容易想到的大概就是现代科学在我们这个时代的巨大成功。现代科学的成功并不是什么新鲜事，实际上，自十六七世纪诞生直到今天，科学始终以惊人的速度（甚至越来越快的）推动着人类知识的增长，在短短几百年的时间里，它就为我们绘制了一幅从天体运动到细胞生长再到分子结构的详细世界图景。但在我们这个时代，科学的成功还有更特殊的方面需要特别强调。这个特殊方面就是20世纪以来进化生物学、计算机科学和神经认知科学等科学分支的长足发展，它们使

---

　　①　参见 http://philpapers.org/surveys。该调查也有"心灵哲学：物理主义还是非物理主义"这个问题，结果56.5%的被调查者选择了物理主义，27.1%选择了非物理主义，16.4%选择了其他。

科学所提供的世界图景不再仅限于描绘人类生存于其中的自然环境，还包括了对人类自身起源和人类心智活动的深入说明。这也就意味着，以往被当作哲学专属领域的思想和知识成了经验科学探究的对象，作为"思维的存在"的人类主体渐渐不再那么神秘。

考虑自然主义的反面、我们时代的另一个与自然主义转向密切相关的背景特征也不难发现，与现代科学之成功形成鲜明对比的是传统第一哲学的失败。这种失败也许不像科学的成功那么显而易见，但却是事实。自笛卡儿提出他的著名怀疑以来，第一哲学家（包括笛卡儿本人及康德、胡塞尔、哥德尔等）一直努力试图挽救我们的知识大厦，为其奠定比经验科学的方法更为坚实可靠的基础，但这种奠基努力似乎是徒劳，至少迄今都没有哪种先验哲学取得成功，并且现在也很难找到哲学家还认真看待和继承这项事业了。[①]

当然，科学的成功和第一哲学的失败只是为自然主义转向提供了背景与动机，其本身并不能构成对自然主义的辩护。系统地为自然主义辩护，涉及很多问题，是一项复杂而艰巨的任务，不是我们在本书中所能做的。不过，既然本书旨在探讨自然主义数学哲学，那么对自然主义的原则先给予适当精确的界定和阐释、对自然主义是什么和不是什么先做一番澄清，就是有必要的。并且，考虑到反对自然主义的声音很多是基于对自然主义的误解的（包括肤浅的和相对深刻的），这种界定和澄清在一定程度上同时也就是一种辩护。但这项工作不适合在导论中进行，因为自然主义的原则虽看似简单，实际却牵涉一些很深刻的哲学问题，如怀疑论、先验哲学、科学的性质和方法论等，要将它们说清楚需要相当的篇幅。因此我们将专辟一章（即第二章）来一般性地讨论自然主义，对其微妙蕴意进行一些我们认为重要的澄清和适当的辩护，而本章作为导论接下来要做的是，对当代的各种自然主义数学哲学进行一个概览性的介绍。

---

① 当然，这不包括关于它们的阐释性的、思想史性质的研究。实际上，尤其是在国内，关于康德、胡塞尔等所谓的"大哲学家"的阐释性、历史性研究仍然是相当主流的东西。

第三节 当代自然主义数学哲学概览

我们已经谈到，20 世纪 60 年代以来，数学哲学家的兴趣由基础问题转向了更加纯粹的关于数学陈述的真理性和数学对象的实在性的传统式哲学问题：数学定理是客观意义上的真理吗？如果是，它们字面上所谈及的那些抽象对象如自然数、函数、拓扑空间等存在吗？如果抽象对象确实存在，我们又是如何能够获得关于它们的知识的，或者说确证（confirm）数学真理的？其中，关于数学的本体论问题——数学的真实对象究竟是什么、是不是躺在柏拉图式天堂里的抽象对象——是其他所有问题围绕的中心，引发了数学哲学中实在论与反实在论之间的持续争论。除了数学哲学领域的这一问题转向，我们还谈到了一个更一般的哲学方法论转向，即 20 世纪中叶以来的自然主义转向，它要求哲学尊重现代科学的方法论和成果，并将自身自然化。不难发现，以上两个转向大约发生于同一时期，这就使得在自然主义框架下考虑数学本体论问题成为十分自然的事情，而当代数学哲学的发展也印证了这一点。

第一个显著的例子就是蒯因。蒯因不仅是不可或缺性论证的首倡者，对当代数学哲学中的实在论-反实在论之争影响巨大，还是当代自然主义的教父，规定了当代自然主义的一般原则：摒弃第一哲学，将哲学视为与科学连续的事业，站在科学内部讨论哲学问题，等等。实际上，蒯因的不可或缺性论证就是从自然主义出发考虑数学本体论问题的一个范例，它以自然主义为基本前提，结合其他一些假设得出了数学实在论的结论。简单来说，不可或缺性论证的内容可概括如下：根据自然主义原则，我们应当且只应当接受科学所承诺的对象之总体作为我们的本体论；数学对象对于科学是不可或缺的，即我们无法消除科学话语中对数学对象的指称和量词概括；因此我们应当接受数学对象进入我们的本体论，即使它们不在时间与空间之中，也不具有因果效力，从而与普通物理对象有显著不同。蒯因关于抽象对象实在性的这个论证与他关于科学中所涉及的不可直接观察的理论实体（如原子、电子等）的实在性的观点是一脉相承的。在他看来，对科学话语的现象主义重构①的失败表明，理论实体对于我们的科学理论是不可或缺的，因而我们必须接受它们的实在性。同样地，如果抽象对象也是不可或缺的，则不管它们在本体论性质上与物理对象相差多么远，它们也必须被接受为客观存在的对象。在这个问题上采取双重标准只能是哲学的偏见。②

　　应该如何回应不可或缺性论证，是当代数学哲学的重要议题之一。其中，很有影响的一类做法是通过消除数学对象对科学的不可或缺性来反对它，这就是菲尔德、赤哈拉、海尔曼等人所发起的各种数学唯名化计划，即构造一种不指称抽象对象的唯名化的语言，来重新表达经典数学或至少科学中所使用的那部分数学，从而使不可或缺性论证失去效力。例如，菲尔德就试图从几何概念出发构造一种唯名论数学，在此数学中，自然数、实数等抽象对象被时空中的点和区域及类似事物（它们在菲尔德看来都是具体对象）代替，并证明它能够满足科学理论如牛顿力学的需要。赤哈拉和海尔曼的唯名论计划与菲尔德的有所不同，但这里暂不详述，留待第六章再予以介绍。这里仅仅是要强调，这些数学唯名论者都是自然主义者，他们完全接受不可或缺性论证的自然主义前提。

　　不仅菲尔德、赤哈拉等人的工作属于自然主义路线，甚至近30年来十分时髦的以赖特（C. Wright）、黑尔（B. Hale）等圣安德鲁斯学派哲学家为代表的一种数学哲学观点——新逻辑主义，也可以被划入广义的自然主义数学哲学类别里。因为通常新逻辑主义者并不反对自然主义的基本原则，认可科学在方法论上的自主性地位，并试图通过一种准逻辑主义的方式来回应关于抽象对象的认识论难题。他们一方面承认自然数的客观实在性，因而是柏拉图主义的；另一方面又避免像哥德尔那样承诺一种人类与抽象对象之间的直接的通达关系和相应的直觉器官，而是力图将数学知识建立在二阶逻辑和休谟原则之类的抽象原则上，并在这个意义上宣称数学真理

---

① 现象主义重构的目标是将指涉物理对象的语句翻译成关于我们的感受的语句，或者至少将关于不可观察的理论实体的语句翻译成关于可观察对象的观察语句。

② 见 Quine（1960）。

是分析真理，令其与自然主义方法论相协调。基于类似的理由，结构主义①者如帕森斯（C. Parsons）、夏皮罗（S. Shapiro）、雷斯尼克（M. Resnik）等也不能被排斥在广义的自然主义思潮之外，虽然有时他们会对特定的数学自然主义立场持强烈批评态度。总之，当今活跃的数学哲学家绝大多数都试图保持与自然主义精神的协调一致，或至少避免持明确的反自然主义立场。

虽然如此，我们却也必须承认，新逻辑主义和结构主义（甚至包括菲尔德等人的唯名论）的数学哲学距离自然主义已经比较遥远，与蒯因的自然主义数学哲学相比有显著差别。所以本书对它们不会着墨很多，只会附带地简略论及。本书将重点探讨的是那些与自然主义原则结合得比较紧密的当代数学哲学，这包括蒯因以不可或缺性论证提供的经典版本，以及伯吉斯②、麦蒂和叶峰所分别提供的三种形式的后蒯因自然主义。伯吉斯、麦蒂和叶峰所分别代表的三种自然主义数学哲学的一个共同点是，试图通过重新阐释、挖掘自然主义原则的内涵来改造蒯因的自然主义数学哲学，特别地，他们都从自然主义的基本精神出发对不可或缺性论证的效力提出了异议，这与菲尔德等专注于回应数学的不可或缺性非常不同，更与新逻辑主义和结构主义等观点有天壤之别。

但在勾勒伯吉斯、叶峰和麦蒂的自然主义数学哲学之前，有必要先说明一下他们的动机，或者说，是什么诱发了他们对蒯因哲学的不满。这就必须指出蒯因自然主义数学哲学的一个并不难被发现的特殊缺陷，它源自不可或缺性论证对确证整体论的依赖。确证整体论是蒯因从杜恒（Duhem, 1954）那里继承来的关于科学确证（scientific confirmation）的一个观点，

---

① 结构主义强调，对于数学来说重要的是结构而非作为结构的要素的单个对象。例如，就自然数 2 来说，数学上重要的是它在自然数序列中的位置而非它本身。这种哲学的兴起很大程度上是对贝纳塞拉夫对柏拉图主义的批评的一个回应，贝纳塞拉夫注意到集合论中对自然数的表征是不唯一的，例如，2 既可以按策梅洛的方式表示为 $\{\{\varnothing\}\}$，也可以按冯·诺依曼的方式表示为 $\{\varnothing, \{\varnothing\}\}$，而这种不唯一性对 2 的实在性似乎是一种损害，参见 Benacerraf（1965）。

② 在数学哲学领域，伯吉斯经常和罗森合作著述，因而二人的数学哲学观点常常是难以区分的。本书第四章着重讨论的一种自然主义数学哲学就是他们二人的共有观点。

它强调科学理论是以一个整体而非单个语句的形式被确证的。对于蒯因来说，确证整体论意味着，当一个科学理论被确证时，其所涉及的数学对象的存在性是与物理对象的存在性同等地被确证的。特别地，由此似乎还能避免抽象对象在认识论上的困难，因为可以将它们看作是和物理对象一起整体地被认识的，如果这一点成立，那无疑将是一个巨大的优点。

　　然而，不可或缺性论证和整体论虽然能够有力地支持数学实在论，其代价却是将数学置于经验科学的从属地位，数学在方法论上的自主性、传统上认为的数学知识的先天性（请回忆本章一开始谈到的数学知识的那些特异性）和必然性都受到了严重威胁，因为它们将数学真理的最终证成归于数学在经验科学中的应用，数学成了经验科学的一部分。这与我们关于数学的直观想法以及现实的数学实践有悖。通常数学家不会认为数学定理在证明后还需要被应用到经验科学中检验一番才能保证其为真，经验观察也不能证伪它们，比如，如果我们发现自己写下的一个 300 字段落和一个 400 字段落合并在一起后统计结果是 701 个字，我们绝不会认为这是 300+400=700 这个数学真理的错，而只会怀疑段落合并或计算机统计过程中发生的某些未知错误导致了这样的结果。此外，蒯因对待高等集合论的态度也能很好地说明蒯因数学哲学对数学实践的背离。比如，蒯因建议集合论学家采用可构成性公理（$V=L$）①作为集合论的一条新公理，以解决一些独立性问题②，理由是它对纯集合论的简化作用和对应用数学的无害性，但 $V=L$ 却遭到集合论学家的普遍拒斥，因为它极大地限制了高等集合论的世界，特别是它不能容纳大基数③。蒯因数学哲学与数学实践的这种强烈不协调性是它的一个致命弱点，引来了不少批评。不仅如此，确证整体

---

　　①　这个公理由哥德尔提出，断言一切集合都是可构成的。关于可构成集以及本书所提到的其他大部分集合论概念的详细数学定义，可参见 Jech（2003）。

　　②　所谓独立性问题是指由通行的集合论 ZFC 公理系统不能判定的问题，如前面提到的连续统问题。在 $V=L$ 的帮助下，连续统问题是能够得到判定的。

　　③　简单说来，大基数就是其存在性不能由 ZFC 判定的基数。它们可划分为很多种类，如不可达基数、马洛基数、可测基数、超紧基数等。关于它们的技术定义和一些研究介绍，可参见郝兆宽和杨跃（2014）、郝兆宽（2018）。

论本身的合法性也遭到了一些有力的质疑：在科学实践中，数学对象是和物理对象在同等意义上被确证的吗？经验科学家在进行他们的研究时是否关心过数学对象的本体论地位呢？更一般地，科学确证真如整体论所蕴含的那样是同质的吗？这些问题的提出使蒯因自然主义数学哲学陷入了艰难的境地，也为新形式的自然主义数学哲学的出现提供了动机，从而使伯吉斯、麦蒂和叶峰所分别代表的三种自然主义应运而生。

在蒯因那里，科学指广义上的经验科学，既包括物理学、化学、生物学等硬科学，也包括心理学、社会学等软科学，而数学的那些可应用部分，因为其在科学中的应用也得以跻身科学之列，但未在经验应用中得到体现的纯数学则不算科学的一部分。数学的科学性完全依赖于其在经验科学中的可应用性。伯吉斯不同意蒯因对经验科学的这种优待，主张将科学理解为数学和经验科学的总体，认为没有理由将数学这种一般人看来是人类认识活动之典范的事业排斥在"科学部落"之外（Burgess and Rosen，1997，p. 211）。不仅如此，在伯吉斯看来，不可或缺性论证是对唯名论的过分妥协，它承认只要唯名论者能够证明数学对象并非对经验科学不可或缺的，就应当将数学对象驱逐出我们的本体论，而完全没有顾及纯数学本身。这样一种做法在伯吉斯看来是违背自然主义的基本精神的。一个彻底的自然主义者应当尊重数学科学，给予它应有的"科学"地位。而一旦将纯数学接受为科学家族的合法成员，数学对象的存在性就不再是问题，因为正如物理学断定原子、电子等物理对象的存在并试图描述它们一样，数学断定自然数、函数等数学对象的存在并试图描述它们。并且这样一来，伯吉斯认为，关于数学对象的认识论难题也会消失，因为按照自然主义的基本原则，科学不需要超科学（extra-scientific）的证成，科学方法无须任何超科学的、第一哲学的辩护，数学作为一门科学，也不需要数学方法以外的更多的认识论说明。

与伯吉斯不同，麦蒂在对自然主义基本原则的理解上没有背离蒯因那么远。和蒯因一样，麦蒂的自然主义也以广义的经验科学为起点，认为经验科学是本体论问题的"最终裁决者"（Maddy，2005，p. 457）。但她同时又强调，应当区分关于数学的本体论问题与方法论问题，并要求尊重数学在方法论上的自主性。麦蒂尤其关心集合论公理的证成问题，这个问题因为 20 世纪中叶以来数学中大量独立性问题的发现而变得尤为重要。在研究这个问题的过程中，麦蒂深入考察了纯粹数学的实践，尤其是当代集合论实践，给出了一个关于纯数学的方法论刻画。按此刻画，数学有着完全不同于经验科学的独立的方法论原则，自然主义哲学家应当尊重数学的这种异于自然科学的实践，像蒯因数学哲学那样将数学同化进经验科学的做法是违背自然主义基本精神的。方法论上的研究不仅使麦蒂强调数学在方法论上的自主性从而背离了蒯因数学哲学，同时也让她得出了一个更一般和更深刻的结论，即数学实践所呈现给我们的方法论原则与数学实在论表现出一种不相适应性。这也就部分地导致麦蒂对不可或缺性论证产生了怀疑，因为如果后者确实无懈可击，那么数学实在论就应该是必须接受的结论。

蒯因不可或缺性论证对确证整体论有一种依赖性，因而麦蒂试图从确证整体论入手瓦解不可或缺性论证的可靠性。按照整体论，科学理论作为一个整体被确证，科学家根据一个理论具备的理论品质（theoretical virtue），如经验恰当性（empirical adequacy）、丰富性、简单性、保守性等，来决定是否接受一个理论。麦蒂通过细致考察自然科学实践，特别是原子论在历史上被科学家所接受的实际过程，得出整体论与科学实践不符的结论。这样，在麦蒂看来，蒯因数学哲学就与自然科学实践相龃龉了。

由上述介绍我们看到，麦蒂认为，蒯因自然主义实在论数学哲学与自然主义的基本精神是矛盾的，因为它既不符合纯数学实践，也不符合自然科学实践，而一个严格的自然主义者应当尊重这些实践。如是，人们大概会认为，采取一种反实在论的立场对于麦蒂来说应当是十分自然的，但麦蒂本人却没有走出这一步。麦蒂最终的意见是一种维特根斯坦式的立场，即建议哲学家取消关于数学本体论问题的讨论，将注意力转向更有意义的方法论研究。特别地，她给出了关于数学对象的两种相反的本体论观点，薄实在论（Thin Realism）和非实在论（Arealism），并主张在自然主义立场下，它们是关于数学的"同等合理的"哲学解释（Maddy，2011，p. 112）。

与蒯因相比较，伯吉斯的自然主义数学哲学在本体论上向实在论靠近了一步，他认为甚至不可或缺性论证都是多余的，是对唯名论的妥协让步。麦蒂则试图疏远弱化实在论，虽然最终她没有采取反实在论立场，但离它却已经十分接近，仅差一小步。而我们要重点考察的第三个背离蒯因数学哲学的自然主义者——叶峰，则直截了当地宣称自己是一名唯名论者，从而与伯吉斯形成了两个对立的极端。伯吉斯认为，从自然主义可以直接导出数学实在论，无须借助不可或缺性论证；而叶峰则认为，从自然主义可以直接导出数学唯名论，至于扳倒不可或缺性论证，对于从自然主义出发去建立唯名论来说并不是完全切题的事情，而且一旦认识到数学唯名论是自然主义的自然结论，不可或缺性论证也就不攻自破了。根据叶峰的理解，自然主义最重要的推论是关于认知主体的物理主义立场，按此立场，人类认知主体无非就是作为自然进化之产物的人类大脑这一物理化学系统，而只要将数学的认识和应用活动理解为大脑与物理环境之间的互动，就会很自然地导向一种唯名论观点。当然，不可或缺性论证所遗留的数学的可应用性问题对于完备地理解数学的哲学性质来说仍然是必须要解决的问题，而它的解决也有助于加强唯名论信念。叶峰认为，可应用性问题的核心难点是无穷数学如何可以应用于有穷对象，而他的回应策略是构造一个严格有穷主义的系统，并以其模拟无穷数学，如微积分、希尔伯特空间等，从而证明无穷数学对于科学应用来说本质上是一种计算简化装置。至于严格有穷数学本身则很容易做唯名论的解释。叶峰对数学可应用性问题的解决策略如果有效，也就附带地破坏了不可或缺性论证的不可或缺性前提，因为那就意味着对数学对象的指称在经验科学中并不是严格不可或缺的，它们只是人类用来表达科学理论的有效手段，甚至很可能是最有效的手段，是人类大脑适应自然的一种极其聪慧的发明。

第四节　本书主要任务和后续章节安排

由上述概览可以看到，自然主义数学哲学呈现出异常多元的态势，从相似的自然主义原则出发，不同的哲学家得出了关于数学对象的完全不同的本体论结论。从极端的实在论到折中性的立场再到极端的唯名论，自然主义数学哲学表现出令人惊讶的弹性。然而，自然主义的基本原则与数学本体论问题之间的关系究竟如何？它能像伯吉斯所认为的那样直接导出数学实在论吗？还是像叶峰所认为的那样直接导出数学唯名论？抑或是像麦蒂所认为的那样对数学本体论问题的裁定无能为力？从这样一些问题出发，本书试图精细地考察当代数学哲学中的自然主义思想，尤其是蒯因、伯吉斯、麦蒂和叶峰等人的自然主义数学哲学思想，说明它们之间的差别和联系，分析它们所包含的各种论点和论证的可靠性。通过这些考察，本书试图论证，从自然主义的基本原则出发既不能直接导出数学实在论，也不能直接导出数学唯名论，但数学本体论问题又不是在自然主义下没有意义、无望回答的。事实上，笔者认为，在自然主义立场下，唯名论是关于数学本体论的更为合理的结论，但叶峰所提供的那个从自然主义到唯名论的直接论证却是行不通的，从自然主义达到唯名论只有一条途径，即在自然主义框架下以不预设抽象对象的方式完备地说明数学实践的那些核心特征，如纯数学的方法论、数学的可应用性等。并且笔者还将尝试表明，通过整合一些自然主义数学哲学的积极成果，一种相对完备的唯名论数学哲学已然成形，在这个意义上，唯名论表现出对实在论的一种显著的优越性。但需要注意，本书并没有提出一个类似于不可或缺性论证或物理主义论证的新论证来支持数学实在论或数学唯名论，事实上，我们通过本书的分析可以看到，这类论证往往是无效的。相反，笔者希望本书的研究能够让人们放弃构想这类论证，转而投入扎实推进自然主义框架下特定的数学本体论立场所要求的解释性工作中去，从而更好地做一名数学自然主义者。

大的目标是通过对具体论证的深入探讨实现的。本书将涉及很多相对具体的问题。例如，不可或缺性论证有着怎样的微妙内涵？对实在论有何种程度的支持力量？特别地，整体论在这个论证中起到什么样的作用？它本身合理吗？伯吉斯和罗森对数学实在论的数学-自然主义论证包含什么问题？他们的彻底自然主义能如其宣称的那样避免认识论难题吗？麦蒂所谓的"数学自然主义"观点是一个融贯的且非平凡的立场吗？麦蒂认为，以哥德尔和蒯因的版本为典型代表的厚实在论（Robust Realism）与数学实践不相协调，这一论点的力量有初看起来那么强吗？其所谓的"薄实在论"，对于自然主义者来说是一个可接受的（acceptable）数学本体论立场吗？新逻辑主义和全面柏拉图主义（full-blooded Platonism）对认识论难题的回应方式有什么问题？叶峰是如何从方法论自然主义推导出数学唯名论的？这一推导的关键缺陷在哪里？如此等等，都是本书要探讨的问题。

本书由七章构成。第一章是对本书所研究问题和主要内容的一个简要导论。第二章讨论自然主义者对第一哲学传统和怀疑论问题的态度、蒯因对自然主义的经典界定，并回应人们对自然主义的一些常见误解和疑虑，从而深入地阐明自然主义是什么和不是什么。第三章讨论所有当代自然主义数学哲学的共同起点：蒯因对数学实在论的不可或缺性论证。这个论证是自然主义通向数学实在论的经典道路，但也备受争议。笔者将区分它的两种形式——整体论的不可或缺性论证和不依赖于整体论的纯粹形式的不可或缺性论证，分别说明它们对数学实在论的支持力度，并在分析确证整体论之微妙内涵的基础上拒斥整体论。第四章讨论自然主义通向数学实在论的第二条道路，即自主自然主义的道路。具体考察两个案例——新逻辑主义和伯吉斯与罗森的彻底自然主义。笔者将分析新逻辑主义在回答关于抽象对象的认识论问题上的一些弱点，指出它诉诸分析性的办法并不能完全解决认识论问题；同样，伯吉斯和罗森的彻底自然主义也不能真正避免认识论难题。其根本原因在于，他们都没有正确理解认识论自然化的精神，自然化的认识论并不是要求证成（justify）数学方法，它有着非证成的心理学任务。另外，伯吉斯和罗森对数学实在论的自然主义论证预设了一种对所谓常识-专家意见的错误理解，因而不成功。本书第五章讨论的是自然主义中关于数学本体论问题的两种取消主义观点，分别由巴拉格尔和麦蒂代表。巴拉格尔和麦蒂都主张数学本体论问题是不可解的，并认为恰好存在一种形式的实在论和一种形式的反实在论，二者都可以得到合理的辩护，是对数学实践的同等合理的解释。笔者将论证这种悲观的结论下得为时过早，特别地，巴拉格尔所提出的实在论版本全面柏拉图主义和麦蒂所提出的实在论版本薄实在论，实际上都有严重问题。另外，麦蒂的"数学自然主义"论题暗含了对"证成"这一术语的两种混淆的用法，这种术语滥用导致很多人对她的数学哲学观点有所误解，而一旦澄清了这一意义混淆，她的数学自然主义论题就变成一种相对平凡的（trivial）东西，至少不再像原来那样背离蒯因的数学哲学很远。本书第六章介绍自然主义框架下的数学唯名论，包括菲尔德、赤哈拉等所代表的早期形式和叶峰提出的最新形式。前者有很多问题，大部分已经为学界所指出，后者则表现出极大的优点，笔者认为很有可能获得最终的成功。但叶峰从自然主义出发为数学唯名论所做的一个具体论证，则是笔者不能接受的，笔者将对它进行反驳。第七章是本书的结论章。在那里，笔者将以先前的考察为基础，澄清自然主义下数学本体论问题究竟是怎样的一个问题，并给出裁决实在论与唯名论之争的一个标准。笔者还将论证，按照这个标准，数学唯名论对实在论表现出显著的优势，因为综合叶峰、麦蒂等人的一些成果，一个对数学实践的较完备的唯名论说明已经成形。叶峰的唯名论数学哲学有一些容易让人疑虑的方面，比如，它预设极强的物理主义和有穷主义。笔者将论证，在物理主义这点上，唯名论者也许可以适当削弱自己的观点，而不实质性地损害数学唯名论本身。关于无穷的意义问题，唯名论者确实还需要做更多的研究，目前的唯名论在这点上还不能令人满意。

第二章

什么是自然主义

　　如果你问一个自然主义者究竟什么是自然主义，在尝试更精致的解说之前，他会告诉你的第一句话很可能是：自然主义就是对第一哲学传统的背离。的确，如果失去第一哲学作为参照，就很难理解什么是自然主义、它的动机是什么，甚至还容易产生这种印象：自然主义不过是一种与哲学这门高贵的学问不相称的浅陋的观点。只有从第一哲学传统的背景下考虑自然主义，才能充分地认识它对于整个哲学史而言有着怎样的深刻意义。因此，要阐明自然主义，一个很好的选择就是从介绍什么是第一哲学开始，通过了解自然主义的这一主要对手，来把握自然主义自身。这正是笔者在本章所采取的策略。

第一节　笛卡儿式的怀疑与第一哲学传统

　　"第一哲学"这个术语源自亚里士多德。在《形而上学》中，亚里士多德将理论哲学区分为第一和第二两个类别。其中，第一哲学研究"作为存在的存在""第一原理""世界的本原"，实际上就是世界的较为一般的和基本的方面，包括诸范畴（如实体和属性）、四种基本因、思维的基本规律（如矛盾律）等；第二哲学则研究较为具体的自然事物和现象，如水、流星、人体和各类动植物等。在这里，第一哲学和第二哲学大致分别相当于后世所说的形而上学和自然哲学。需要注意的是，在亚里士多德的这一区分中，被刻意强调的主要是研究对象上的差别，尤其是一般与特殊的差别，而没有明显的认识论或方法论的维度。从这个意义上讲，自然主义者所宣称要背离的第一哲学就不是纯粹的亚里士多德意义上的第一哲学，因为正如自然主义本身是一种方法论立场，作为其对立面被自然主义者拒斥的"第一哲学"，也更多的是一个认识论和方法论概念，其核心特征是对常识和经验科学所代表的通行认识方法的不信任，其自觉的目标是为人类的知识奠定一种比经验科学更为坚实的基础。这后一种意义上的第一哲学，即认识论意义上的第一哲学，才是我们在这里所关心的，它真正的鼻祖与其说是亚里士多德，不如说是笛卡儿。

笛卡儿是近代哲学的主要开辟者之一。近代哲学的很多特征，如对主体性和认识论的强调，都和笛卡儿的工作密切相关。在笛卡儿的时代，哲学中占据统治地位的还是从中世纪开始逐渐盛行的亚里士多德主义的经院哲学。笛卡儿本人则反对陈旧空洞的经院哲学，而热情拥抱重视实验和数学的新科学（当时常被称作"自然哲学"），后者在培根、伽利略、牛顿等人（当然也包括笛卡儿自己）的努力下正处于蓬勃兴起的阶段。但对于新科学，笛卡儿并不是毫无保留地直接接受其方法上的可靠性，而是认为其基础仍然不够牢固，需要某种第一哲学重新加以夯实和确立。换句话说，笛卡儿试图用以取代经院哲学的新哲学体系，乃是发轫于对常识-科学方法可靠性的一种普遍怀疑，也正是这种怀疑造成了对某种特殊性质的第一哲学的需求。因此，可以毫不夸张地说，对于自然主义所拒斥的那种第一哲学而言，笛卡儿式的怀疑就好比是它们的族徽。

在《第一哲学沉思集》中，笛卡儿详细阐述了他的怀疑：首先，我们的感官具有欺骗性，经常让我们产生错觉和虚假信念。比如，有时候我们以为在草丛中看到了一只兔子，走近了才发现它是一块白色的石头。再如，日常经验告诉我们，折射和透视等现象会导致很多视觉误判，如等高的两棵树处在透视远端的那棵会显得矮一些。另外，现代心理学的研究更是提供了关于感官错觉的大量实例，以丰富的实验结果向我们展示了人类感性直观的不可靠性。其次，即使在我们的感觉显得清楚明白的时候，这些感觉也未必能提供关于实在事物的知识，因为我们可能是处在睡梦中而非清醒状态的。比如，"我"可能只是梦见自己在用一架钢琴弹奏一首乐曲，而实际上，可能既不存在钢琴，"我"也没有手，一切仅仅是一场生动的梦。这里的重点是，没有任何感觉特征能让我们将清醒和梦境区分开。极而言之，我们的所有知觉信念都不再是绝对可靠的，因为我们无法确定知觉对象是否真的存在，我们的人生可能是一场梦。最后，即使是那些无论清醒还是梦境其内容都不变的抽象信念，如我们对 7+5=12 的信念，也可能是假的，因为可能有一个邪恶但神通广大的魔鬼在欺骗和戏弄我们，使我们总是把 7 与 5 的和算成 12，而实际上 7 与 5 的和也许根本不是 12。综合以上的考虑，笛卡儿认为，常识和科学所提供给我们的一切信念都是不确定的，它们经不住彻底怀疑的考验，需要全部被推倒，从一种绝对坚实的基础上重新建立起来。

对于笛卡儿来说，怀疑本身并不是目的，而仅仅是方法。笛卡儿并不想最终否认常识和科学提供给我们知识，而只是试图通过一种彻底的怀疑程序为之寻找一个不可怀疑的终极基础，凭借它重建知识的大厦，特别是为新科学提供一个终极的辩护。这是一个宏大的目标，看起来是一个不可能完成的任务。但在《第一哲学沉思集》中，笛卡儿自认为已经找到了这样的终极基础，它的第一块石头就是著名的“我思故我在”。根据笛卡儿，无论“我”怎么怀疑，有一件事是“我”无法怀疑的，那就是“我在怀疑”这件事本身，而这就意味着存在一个怀疑着的“我”，这个“我”是一个思维着的存在物，即思维实体。不仅如此，笛卡儿还认为，作为思维的存在，“我”拥有一个特殊的完美观念，即上帝的观念，由这个观念，笛卡儿宣称可以推论出上帝的存在（本质上就是中世纪以来流行的关于上帝存在的本体论证明，其主要理由是“不存在的上帝不如存在的上帝完美”）。这个完美的上帝当然不可能是个骗子，所以我们清楚地知觉到的事物也一定是真实的。这就保证了外部世界的存在性，从而关于外部世界的常识和科学信念也就得到了拯救。

这里有两点需要说明：第一，笛卡儿虽宣称用怀疑方法重建知识的大厦，但作为新科学的引领者和捍卫者，他所要重建的并不是他所身处的那个时代依然占统治地位的经院哲学世界观。在很多具体的哲学问题上，笛卡儿的观点都与经院哲学不一致。例如，笛卡儿拒绝将颜色、味道等性质当作事物本身固有的性质，认为它们本质上只存在于主体中，与形状、体积、速度等客观性质不同，而这与经院哲学的正统观点明显相悖，也开启了近代哲学关于主性质-次性质区分的持久讨论。在对物理现象的解释上，笛卡儿也采取了与亚里士多德的目的论完全相反的进路——机械论，从而与经院哲学分道扬镳。因此，笛卡儿的重建同时是对旧哲学所代表的知识体系的一种改造，毋宁说，他是通过怀疑方法创建一套新哲学体系的，该体系包括吸收新科学内容的自然哲学和以"我思"及心物二元论为核心并力图为自然哲学奠基的第一哲学。

第二，虽然就笛卡儿的本意来说，怀疑只是一种方法，目的是为知识奠定更坚实的基础、重建知识的大厦，但一旦放弃笛卡儿的某些第一哲学原则，如借以推导出上帝的实在性的那些原则，笛卡儿的怀疑就很容易被发展成一种深刻的怀疑论。笛卡儿在其沉思中的分析实际上向我们暗示了，如果没有一个仁慈的上帝的保证，我们的知觉无论显得多么清楚明白和生动，都可能只是睡梦中的虚境，我们的整个人生无论多么漫长和丰富，都可能只是南柯一梦，虽然这个超级大梦甚至包含了昼夜交替、睡梦与清醒、生与死等体验（就像电影《盗梦空间》向我们展示的那样），显得无比真实。也就是说，除非仰仗上帝，否则我们由知觉得来的知识就是不可靠的。这一点用笛卡儿关于魔鬼的那个思想实验来说明也是一样的：我们的全部知觉都可能受到魔鬼的操纵，它们不是真实的事物而是魔鬼给我们制造的幻觉，因而无法成为知识的合法源泉。总之，无论睡梦还是魔鬼思想实验，都向我们表明，我们实际上根本没有充分的理由相信外部世界的真实性，比如，连我们自己有没有手这件事，我们都无法确定。

以上这种怀疑论经常被称为"笛卡儿式怀疑论"，虽然笛卡儿本人并没有以怀疑论者自居。它包含两个层面：首先，它是对常识和科学所仰赖的认识方法的可靠性的一般性怀疑；其次，它还经常被表述为针对外部世界的真实性的特殊怀疑。很明显，后者可被看作前者的一个应用和极致表现。笛卡儿式怀疑论不仅开启了认识论意义上的第一哲学传统，也是自然主义者必须予以正面回应的一个问题，但关于自然主义者如何或应该如何回应怀疑论，我们留待本章第三节再谈，目前我们仅将注意力集中在对笛卡儿式怀疑论所引发的第一哲学传统的勾勒上。

　　笛卡儿在其《第一哲学沉思集》中的努力，构成了近代以来第一哲学传统的开端。其后，斯宾诺莎和莱布尼茨的理性主义、康德和胡塞尔的先验哲学，甚至某些形式的逻辑经验主义①（如罗素的逻辑原子主义、维也纳学派的逻辑实证主义和卡尔纳普的语言框架理论等），都是这个传统的继承者。限于篇幅和本书目的，我们不能对它们一一介绍。但对康德（以及一点点胡塞尔）的先验哲学却有必要多说几句，这不仅因为先验哲学是第一哲学在笛卡儿之后成果较为丰富的代表性实践之一，还因为它在当代依然具有很大的影响力。尤其是在中国的哲学界，先验哲学经常被认为是规定了哲学研究的标准范式，按照这种意见，哲学只能是先验哲学，这就大大阻碍了自然主义在中国的接受和传播。不过，在进入康德之前，我们先要了解一下笛卡儿式怀疑论在休谟那里的一些重要发展，这些发展使怀疑论获得了更为成熟和更有影响的形式，也构成了康德先验哲学思想更直接的背景。

　　我们在前面已经提到，笛卡儿认为颜色、声音、味道之类的性质与广延、运动等性质有本质的不同，它们不是物体自身所固有的客观属性，而是依赖于主体的主观属性，严格说来，它们只存在于主体之中。笛卡儿的这一洞见在洛克的《人类理解论》中被进一步阐明，并被正式确立为一个形而上学和认识论的区分，即主性质-次性质的区分：主性质存在于事物自身之中，提供关于事物的客观事实；次性质则依赖于主体，不提供关于事物的客观事实。沿着笛卡儿和洛克的思路，休谟在其巨著《人性论》中进一步指出，不仅颜色、声音之类的次性质依赖于主体心灵，广延、运动之类的主性质也是如此，事实上，根本无法设想一个感觉印象里只有主性质而没有次性质，如果抽掉所有次性质，那么主性质也就不存在了。休谟在这里要表达的要点是，全部知觉印象都存在于我们的主观心灵中，包括三维的空间感，被直接意识到的对象从来不是外部对象本身，而只是心灵中

---

① 比如，逻辑实证主义者就试图为科学寻找某种科学之外的、比科学方法本身更可靠的认识论基础，他们期望将逻辑-数学知识归约为基于语言意义的分析真理，将物理学的概念与理论语句还原为观察概念与观察语句，等等。

的印象和观念。用梦境的例子最容易说明这一点，既然我们可以生动地梦见三维时空中的事物，如一本书从书架上掉落，这就说明我们直接感受到的三维时空只存在于主观心灵中。在休谟看来，这就意味着关于外部对象存在并被心灵中的观念表征的习惯性假定是一个缺乏确定性的武断信念，外部对象至多可以被推测为感觉印象的一种可能的原因，并且一旦考虑到作为原因的外部对象和作为结果的感觉印象之间的异质性，这种推测的合法性就会显得更加可疑和武断。

如果就此停止，休谟对怀疑论的发展就还很有限，因为关于意识之直接对象存在于心灵中的想法在稍早的贝克莱甚至更早的洛克那里已经有了（但洛克认为关于主性质的感觉是对主性质本身的客观表征，贝克莱则直接否认外部对象的存在，宣称存在即被感知）。然而，休谟并没有停止，他更独特的创见体现在他关于因果性和归纳推理的思考上。与外部对象的情况相似，休谟指出，我们也不能直接观察到因果关系，因为我们经验中所观察到的不过是某些印象或观念间的恒常汇合与相继关系，而这并不等于或必然蕴含因果性。例如，虽然我们不断观察到"太阳晒然后石头变热"这一现象，但这种规则性的相继关系完全可能是出于偶然的巧合，而非内在的因果联系，从"太阳晒然后石头变热"并不能必然推出是太阳晒热了石头（即因为太阳晒，所以石头变热）。更一般地，休谟认为归纳法这种推理模式本身是不可靠的，比如，无论我们观察到多少只乌鸦是黑的，我们都不能保证所有乌鸦都是黑的，除非被观察到的乌鸦就是全部乌鸦。这些就是著名的休谟问题。①

休谟对知觉印象、因果关系判断和经验归纳推理的上述一系列反思，使关于经验知识可靠性的怀疑论问题极大地尖锐化了。与笛卡儿式的怀疑相比，休谟怀疑论的最大特征在于增加了一种观念论的维度。笛卡儿的怀疑主要是基于对我们惯常持有的各种信念的不确定性的强调，他热衷于指出我们的信念在证成理由上有着这样或那样的缺陷，因而不是完全确定的

---

① 除了关于因果性和归纳法的难题，休谟问题还有一个伦理学解读，即从"是"不能推出"应当"，但这与我们目前的主题无关。

知识，其论证方式有着更多朴素和常识的色彩。休谟的怀疑论虽然部分继承了这一思路，但更侧重于强调关于人类经验的观念论模型的决定性作用，依照这个模型，经验中被直接给予、被直接意识到的对象不是外部实体和它们之间的因果关系，而是观念和观念间的共现、相继等关系，因此外部实体的存在性、它们的内在结构和因果关系对于经验主体来说在认知上就变得似乎是不可通达的了。

休谟哲学的这一观念论维度深刻影响了第一哲学的后续发展，开启了唯心主义（idealism，也常译作"观念论"）哲学的一个如梦似幻的时代，其中就包括康德的先验唯心主义哲学。曾一度沉浸于莱布尼茨、沃尔夫等人所代表的理性主义形而上学的康德，受到了休谟怀疑论的重大刺激。用康德自己的话说就是，休谟将他从独断论的迷梦中彻底惊醒了。由此，康德开始了他先验哲学的伟大冒险。

我们在本书第一章中介绍康德的数学哲学思想时已经谈到，康德关于数学作为先天综合知识之可能性的说明是通过他所谓的"哥白尼式革命"来完成的，即将人类知识的来源更多地归给认识主体而非对象本身，主体替代对象成为知识宇宙旋转的中心，不再是知识符合对象，而是对象符合知识。知识符合对象，这是哲学中自亚里士多德以来的古老传统，但康德称自己的认识论为"革命"，还有一个更晚近也更具体的对比物，那就是洛克以来的经验主义认识论思想。后者将心灵视为一个白板，任由后天经验来涂抹，心灵中的一切观念和知识皆以经验为最终来源。如我们所看到的，休谟正是这个经验论传统的继承者和发扬者，并最终走向了它的逻辑终局——怀疑论和不可知论。然而，对于这个可悲的终局，康德却不愿接受，于是发动了他的哥白尼式革命，力图拯救人类的知识。通过他所谓的"先验探究"，康德宣称辨明了关于人类认知的如下图景：我们人类拥有两种认识官能——作为被动的接受性的感性和作为主动的构成性的知性。感性和知性共同在我们的认知中发挥作用，前者提供与对象一对一地当下直接地相关联的直观，后者则贡献与对象一对多地间接地相联系的概念。对于认知来说，直观和概念二者缺一不可，概念没有直观是空的，直观没有概念是盲的。并且，感性在接受感性杂多时同时对它们进行整理（这意味着即使感性也并非完全是消极被动地接受），将它们安排在时间和空间秩序之下，在此之前，杂多或感性质料是不具有时空形式的。时间和空间是感性的两个先天要素，即感性直观的纯形式，也称为"先天直观"。与感性的情况类似，知性作为概念生成器官也具有一些纯粹的、先天的概念，如实体-属性和因果性的概念等，康德称之为知性的"范畴"。感性形式和知性范畴先于一切可能的经验而存在，是经验得以可能的条件。也正因如此，我们才能拥有关于经验对象的先天知识，比如，我们先天地知道它们必定具有空间属性并遵循几何定律，它们必定处于某种因果关系之中，等等。

康德经过沉重的先验反思所得到的以上认知图景，蕴含着他对怀疑论的独特回应，它与我们前面介绍的笛卡儿式回应截然不同。笛卡儿诉诸一个慈悲的上帝来保证知识的可靠性，在这个上帝的保证下，我们的观念只要是清楚明白的，比如我们在正常状态和环境条件下关于事物的广延及运动属性的知觉，就一定与外部对象相符合。康德则否认"存在"是一个谓词，因而拒绝接受笛卡儿所醉心的那种关于上帝存在的本体论证明，也完全不寄望于上帝来为知识的客观性奠基。在康德那里，知识的客观性无非就是经验上的普遍有效性，而这种普遍有效性的基础，就在于我们的认知装置本身。比如，我们之所以能具有关于事物的时空属性和因果联系的普遍有效的经验知识，是因为时空和因果性等内在于我们的认知器官，我们只能以时空-因果的方式经验到或者说感知到事物，而事物作为自在之物或者说物自体是怎样的，对于我们来说则是不可知的。这里需要注意的是，康德并不是说经验对象是与物自体不同的另一类对象，它们只存在于心灵中，或只是心灵的构造物，与存在于心灵之外的物自体不同。康德说，同一个对象可以从两个不同的视角被看待，从经验视角看到的是经验对象，从先验视角看到的则是先验对象（即物自体）。从先验视角看，对象当然不在心灵中，它们是物自体，对于心灵来说完全是未知的。从经验视角看，对象也不在心灵中，因为心灵中的东西如感觉并不具有空间属性，而对象则必然被置于空间关系之中。这就使康德的哲学与贝克莱式的主观唯心主义有了本质区别，对于后者而言，对象无非就是一些感觉的聚合，只能存在于心灵中。当然，也必须承认的是，在先验视角下，对象是没有时空和因果属性可言的，时空和因果性只具有经验上的实在性或客观性，先验地看，它们都是观念性的。这也是康德哲学被称为"先验唯心论"的原因。

我们说过，怀疑论的一个重要方面是对外部对象存在性的怀疑。康德说明了经验知识在经验范围内或者说对经验对象的可靠性，但却没有充分回答为什么对象除了经验的一面还必须要有超验的一面，即为什么物自体存在。对于康德来说，似乎对象有其自身之中的存在是不言自明的，感性作为一种接受性器官就说明必定有作为刺激者的东西存在，即物自体。总之，对于康德来说，怀疑外部对象的存在乃是"哲学的耻辱"，不必认真对待，需要重视并回答的怀疑论问题仅仅是我们的经验知识的可靠性或者说它们在经验上的普遍有效性。

康德的先验哲学对于之后的哲学发展影响巨大，成为应对怀疑论的一种经典进路。继承这一进路的著名哲学实践还有胡塞尔的先验现象学。胡塞尔以将哲学做成严格的科学为己任，其策略本质上是对笛卡儿和康德的效仿，即从主体性中为客观科学寻求最终根据。笛卡儿的普遍怀疑（即中止判断或信念悬置）和康德的先验方法，成为胡塞尔通往其先验现象学的两条重要道路。但关于胡塞尔现象学的具体内容，这里不做更多介绍。我们的目的仅仅是对怀疑论和它所导致的第一哲学传统略作展示，以为阐明自然主义做准备，相信以上关于笛卡儿、休谟和康德的简短回顾，对此目的而言已经足够了。

第二节　蒯因对自然主义的经典界定

有了对笛卡儿以来的第一哲学传统的前述回顾，现在我们可以正面探讨自然主义本身的内涵了。正如我们在第一章已经指出的，"自然主义"这个术语在哲学史上的用法复杂多变，虽然我们在本书中所关心的主要是作为方法论论题的自然主义，但即便是这个相对狭义的自然主义，在当今哲学界也没有获得完全统一的精确理解。不过，可以肯定的一点是，当代方法论自然主义哲学家尤其是数学哲学家普遍地将他们的自然主义与蒯因所规定的版本相联系。所以，我们在这里也从蒯因对自然主义的经典界定入手，来分析自然主义的内涵或关于它的可能解读，并在这之后通过讨论自然主义对怀疑论和第一哲学尤其是先验哲学的可能的回应，来进一步探究自然主义的深层蕴意。

蒯因对自己的自然主义观点有一个经常被引用的著名的刻画："摒弃第一哲学……承认是在科学本身中，而不是在某种在先的哲学中，实在被辨认和描述。"（Quine，1981，p. 21）蒯因的这一刻画十分简要，从一定层面上来说，它所表达的立场也十分明确。根据蒯因的表述，自然主义首先是对第一哲学的摒弃。结合本章第一节我们关于第一哲学传统的介绍，这就意味着，在蒯因看来，无论是笛卡儿的怀疑方法，还是康德的先验方法，抑或是胡塞尔的现象学还原和本质直观方法，都不是从事哲学研究的恰当方法，应当予以拒斥。之所以拒斥它们，除了它们本身在历史上的失败或贫乏的产出外，蒯因这里给出的一个更重要的原因似乎是：它们原本就是不必要的。根据蒯因，那些方法所服务的目的，亦即第一哲学给自己所设定的目标——用科学方法以外的方法为科学提供更坚实的基础，只不过是第一哲学家一厢情愿的幻想和自命不凡罢了，自然科学虽然是"可错的和可修正的，但却不接受任何超科学法庭的审判，也不需要超出观察和假设-演绎方法以外的任何证成"（Quine，1981，p. 72）。第一哲学家认为科学方法本身是成问题的，需要第一哲学的再证成，蒯因则主张科学方法就是我们认识世界的最好方法，它不需要也不接受超出科学方法以外的任何批评和证成。这里可以提炼出蒯因自然主义的一条具体的论题，即"科学自主性论题"：科学不需要也不应该接受超出科学方法以外的任何批评或证成。

应当注意的是，不应该把这个"科学自主性论题"理解为禁止一切对科学方法的批评。它只是拒斥站在科学以外如第一哲学中对科学方法进行批评，而来自科学内部的批评仍然是容许的。也就是说，我们能以科学的方式研究科学本身，能站在科学王国内思考科学实践，对其提出批评和改进的意见。这一点可从蒯因的如下文字中清楚地看到："自然主义哲学家在继承而来的作为一种持续关怀的世界理论之内开始他的思考。他尝试性地相信它们的全部，同时又相信它们中的某些未确定的部分是错的。他试图从内部改进、澄清和理解这个系统。他是漂浮在诺拉特之舟上的忙碌的水手。"（Quine，1981，p. 72）

科学自主性论题在其表述上虽然看似是一种禁令，即禁止某种批评或证成的尝试，因而显得较为消极，但从蒯因对自然科学的世界观属性的认定中我们立即可以得到蒯因自然主义的积极方面或建设性方面。因为根据蒯因的刻画，科学不仅在方法论上是自主的，而且正是在科学中，实在被辨认和描述。也就是说，不仅第一哲学对科学方法的指手画脚遭到了拒斥，而且科学方法还被认定为是我们认识世界的最好方法，能够为我们提供终极世界观。毫无疑问，蒯因在这里承诺了一种关于科学的实在论立场，按照这种立场，科学绝不仅是人们用来组织、预测经验和应对自然的工具，它首先是对实在事物的描述，是我们的世界理论。也正是在这个意义上，蒯因断定哲学是与科学相连续的事业，它们都是对实在的追问，在方法上也没有本质的区别。由此，蒯因提出了哲学自然化的要求，认为哲学家应当到科学那里去寻找他们以往以第一哲学的方式所讨论的问题的答案，比如本体论问题和认识论问题的答案。我们可以将蒯因的这一论题称为"哲学-科学连续性论题"或"哲学自然化论题"。

在蒯因那里，科学自主性论题与哲学-科学连续性论题或哲学自然化论题是不可分割的，这与某些哲学家对自然主义的理解大异其趣。比如，有些人倾向于将自然主义单纯地理解为关于自然科学（或其他特定知识部门，如数学，于是有了科学自然主义、数学自然主义和其他各种"××自然主义"的区分）的方法论自主性立场，将其等同于所谓的哲学忝列末位原则，而笔者认为，这是与蒯因自然主义的核心精神相违背的。

哲学忝列末位原则要求哲学面对科学实践时保持谦卑的态度，避免以哲学的理由对科学实践提出修正。按照这个原则，科学自主地以自己的方法追求自己的目标，哲学的作用不是在方法上规范和指导科学实践，而是亦步亦趋地跟在科学的后面做一些描述性和说明性工作。与哲学忝列末位原则相对立的是所谓哲学在先原则，后者强调哲学对科学的范导性，比如，我们在第一章中谈到的直觉主义数学哲学就具有明显的哲学在先意味，因为它从一些哲学的考虑出发，要求对经典数学进行修正。然而，无论是哲学忝列末位还是哲学在先，实际上都预设了哲学与科学在目标和方法上的某种深刻分离，而对于蒯因来说，这种分离乃是第一哲学的幻觉，恰恰是自然主义要反对的。蒯因的哲学自然化论题告诉我们，哲学是科学的同质延续，本就应该在科学王国内部进行，无所谓忝列末位和在先的区分，哲学和科学无论在主题上还是在方法上都是本质无别的共同事业。所以，单纯从方法论自主性角度阐释自然主义的做法是与蒯因自然主义貌合神离的。关于这一点，我们在第五章第二节对麦蒂的数学自然主义论题的分析，可以作为一个具体的例子。

蒯因的哲学自然化论题包含两个被特别强调的子论题：本体论自然化论题和认识论自然化论题。其中，本体论自然化论题是说：我们应该赋予某种对象实在性当且仅当它们为我们最好的科学理论所承诺。这一论题连同蒯因给出的关于一个理论的本体论承诺的判定标准一起，被用来决定我们的整个本体论。这里所涉及的本体论承诺标准也十分简单明了：一个理论承诺一个对象的存在，当且仅当这个对象出现在这个理论的量词所量化的论域里，换句话说，它是这个理论的量词的量化对象。比如，现有科学承诺了原子的存在，因为如果用一阶语言将现有科学理论写下来，它必定包含诸如"存在 x，x 是氢原子"和"对任意的 x，如果 x 是一个原子，那么它就是由一个原子核和若干个电子构成的"之类的陈述，它们就是对原子这种对象的存在性的承诺。用蒯因自己的名言来说就是："存在就是约束变元的值。"（Quine，1948）

蒯因的本体论自然化论题，按照如上表述，应该说是一种十分强硬的立场。其强硬性可以从两个不同的角度来理解：首先，它不只告诉我们要将本体论问题交给科学来裁决，而且对这里的"科学"一词的指称范围做了较狭窄的处理。比如，我们在本书第一章中也已经提到，对于蒯因来说，科学就是经验科学，甚至主要就是自然科学，特别地，纯数学是被排除在科学家族之外的。其次，它给出的标准是一种"当且仅当"的严格标准，即我们应当接受一个对象的实在性，当且仅当它被科学理论承诺。也就是说，它不只要求接受科学理论所承诺的实体，还要求只接受这样的实体。

很明显，蒯因这种强硬的立场容易给人产生一种科学霸权主义的印象，因此其遭到一些人的诟病。事实上，有不少哲学家[1]，他们一方面同情甚至倾向于某种宽泛的自然主义，表示愿意尊重现代科学的成果，另一方面又认为，并非只有自然科学方法才能认识实在。他们喜欢强调人类有一些不属于自然科学方法的认识方法或能力，如形而上学直觉、数学直觉、语义直觉的能力，它们也能帮助我们辨认和描述实在。否认这些能力的存在，是一种理智上的不诚实。具体到本体论问题，他们认为，对于那些被经验科学承诺的对象，我们固然应承认其存在，但那些未被经验科学承诺的对象，也不一定就不存在。因此，他们往往主张对本体论自然化论题做一种弱化的解读，这种解读只肯定原论题的一个方向，即科学承诺对存在的充分性，而抛弃另一个方向。可以将它表述如下：接受一个对象的实在性，如果它被我们最好的科学理论承诺。

这样一来，我们就有了蒯因本体论自然化论题的强、弱两个版本。二者如何取舍，对于我们在本书中所关切的数学哲学的基本问题来说，重要性似乎是显而易见的。但由于它们都依赖于蒯因的"本体论承诺"概念，

---

① 如威廉姆森、伯吉斯等，参见 Williamson（2011a，2011b）、Burgess 和 Rosen（1997）。

而此概念既充满争议①，在笔者看来也不是自然主义的内在成分，所以这两个版本都不是笔者在本书中将采用的工作假设。在本章第三节，笔者会在进一步澄清自然主义的同时，逐步将笔者所持的基本自然主义立场明确，从而为之后的数学哲学讨论做好准备。现在，让我们继续介绍蒯因的哲学自然化论题的另一个子论题——认识论自然化论题。

正如本体论自然化论题强调将形而上学或本体论问题置于经验科学中来探究，认识论自然化论题强调将认识论看作是"心理学的一章"："自然主义并不拒斥认识论，而是把它融入经验心理学。科学本身告诉我们，我们关于世界的信息限于我们体表所受的刺激，而认识论问题就变成了这样一个科学内部的问题：我们人类这种动物是如何从这样有限的信息出发达到科学的。我们的科学的认识论学家追求这种探究……进化和自然选择毫无疑问会在该说明中扮演一定的角色，并且如果他发现有需要，他也会毫不犹豫地使用物理学。"（Quine，1981，p.72）

这与第一哲学传统下的认识论研究，如我们在本章第一节简略介绍的笛卡儿、康德和胡塞尔的研究，构成了鲜明的对比。第一哲学的认识论研究是一种"认识批判"。它宣称我们的一切常识和作为常识之精致化的经验科学都是可疑的、应当予以悬置的，需要某种第一哲学为之提供基础。证成这个基础的方法不再是经验科学的方法，而是先验的方法。在某种重要的意义上来说，认识批判先于一切经验科学。它划定了可能经验的界限和知性范畴的适用范围，告诉我们什么可知和什么不可知，具有强烈的规范性。相比之下，自然化认识论的任务则更多是描述性的，它要探究的问题无非就是人这种动物是如何从简单的知觉观察一步步走向精致复杂的科学理论的。这里的"人类这种动物"，显然不是指什么形而上主体或先验自我，更不是虚空的点或无内容的占位符号，而是有着复杂内在结构的、可以由经验科学探究的对象。特别地，他们被生理学、心理学、进化生物学、脑科学、神经科学、语言学、社会学等经验科学的分支所描写，而自然化认

① 见 Azzouni（1998）和叶峰（2010）。

识论的任务就是要回答，如此这般被描写的动物是如何获得关于他们生活于其中的世界的知识的，比如，如何认识到自己房间里的一只老鼠、遥远太空中的一颗白矮星或希格斯玻色子的存在。在对人类认识事物的实际过程进行这样的描述和研究时，自然化认识论者所运用的方法本身属于经验科学的方法，而不是超出经验科学方法范围的所谓第一哲学方法，他们可以充分利用已有的科学知识。实际上，自然化认识论研究人的认知活动，就如同生理学研究人的消化和营养系统一样，它是广义心理学研究的一部分，对于经验科学的其他分支，它并不具有任何本质的优先性。尤其应当注意的是，它不可能是对经验科学方法的一般性或总体性证成，因为那样会陷入循环论证。

不过需要注意的是，虽然相较于第一哲学的认识批判，自然化认识论具有显著的描述性特征，但这并不意味着自然化的认识论完全没有规范性的方面："与普遍的信念相反……认识论的某种规范性方面不因转向自然主义而消失。"（Quine，1995，p. 49）"我们对世界的思考依然要遵循规范和训条，只是它们源自我们所习得的科学本身。比如，科学成果告诉我们的一个事实是……关于世界的信息只能通过作用于我们的神经末梢到达我们，这一发现具有规范性力量：它能警示我们，因为它与关于心灵感应和第六感洞察的那些说法不相容。随着科学的发展进步，这些规范还会发生改变。例如，自艾萨克·牛顿爵士以来，我们不再像以往那样对超距作用充满怀疑了。"（Quine，1981，p. 181）

这就是说，自然主义对认识论传统上享有的那种规范性特征的影响仅仅在于，规范性探究不再来自科学之外的视角，而是从科学自身内部发出，运用科学通常运用的那些方法和手段，对特定的科学方法进行批评或赞成。这样的例子，除了删因上面提到的那些还有很多。比如，关于人脑和眼球的视觉工作机制的研究，就可以被用来说明和论证视觉手段在正常环境下对知识获得的可靠性，同时也告诉我们在哪些条件下它容易引发错觉从而变得不那么可靠。再如，经常有心理学或社会学研究中的某些实验设计，被指出是有缺陷的因而应当予以修正或抛弃，而说它们有缺陷时，人们不是出于第一哲学的考量而是基于科学内部的理由。不难发现，自然化认识论研究的这些方面，也正是我们在前面提到的、蒯因在援引诺拉特之舟的比喻时所要表达的东西。诺拉特之舟的比喻大意是说，我们在认识世界的时候就像是在大海中行船，如果船出现了某些功能异常如部件损坏，我们也只能在船中一边航行一边修理它，我们不可能抛弃这条船并重新造一艘更牢固的新船。

初看起来，认识论自然化论题似乎不像本体论自然化论题那样与我们关心的数学哲学问题紧密相关。例如，蒯因自己在讨论数学哲学问题时，注意力就完全集中在本体论自然化论题上，并由该论题出发构造了不可或缺性论证，而绝少援引认识论的自然化。但是，数学是人类的一种认知活动，自然化认识论既然研究人类的认知，并要求以自然化的方式进行这种研究，它就不可能与数学哲学问题无关。恰恰相反，它对于构建令人满意的数学哲学也许更为关键。在本书第六章，我们会从叶峰的自然主义数学哲学中更清楚地看到这一点，因为叶峰的数学哲学正是从自然主义关于认知主体的一些结论开始的。

认识论自然化论题的深刻意义不只是对数学哲学。作为第一哲学认识批判的直接对立面，它比本体论自然化论题更明确地昭示了自然主义的精神，对我们的整个哲学思考有着普遍的影响。比如，很多重要的传统哲学概念，如先天性、分析性、客观性等，可能会因自然化而改变。并且，与本体论自然化论题涉及有争议的本体论承诺概念不同，认识论自然化论题似乎可以被原样地继承。

当然，认识论自然化论题也不是毫无缺点。相较于本体论自然化论题给出的回答本体论问题的清晰标准而言，认识论自然化论题的内容显得有些模糊，它只是告诉我们要在科学内部研究认识论，将认识论融入经验心理学，但离具体的认识论结论还很遥远。这可能也是很多自然主义者（尤其是在数学哲学领域）对它重视不足的原因之一。但我们也应当注意，蒯因在强调认识论自然化的时候，同时也在试图精确定义认识论问题。比如，我们看到，他把自然化认识论的中心问题定义为：人这种动物是如何从极为有限的体表刺激或感官输入得到高度复杂的科学理论的？这种对"贫乏的输入-喷发式输出"（meager input-torrential output）问题的聚焦，构成了蒯因认识论自然化思想的具体而富有特色的一面。

无论如何，通过本体论自然化和认识论自然化两个论题，蒯因初次为自然主义指明了方向。追随蒯因，很快出现了另一些自然主义的重要阐述者，如丹奈特、帕皮诺、麦蒂和叶峰等。接下来，我们将结合他们在这方面的一些想法，讨论和回应批评者针对自然主义提出或可能提出的若干问题、疑虑、误解，进一步阐明自然主义。

第三节 对一些问题的自然主义澄清和回应

一、怀疑论和第一哲学问题

在本章第一节，我们介绍了一种萌芽于笛卡儿、成熟于休谟的怀疑论，以及在此怀疑论的刺激下产生的第一哲学传统。自然主义作为对第一哲学的背离，不能仅仅宣称第一哲学是不必要的，还必须对它的直接动机即怀疑论问题做出适当回应，从而正面地给出自己摒弃第一哲学的理由。接下来我们就来做这件事。

回忆一下我们先前的分析。怀疑论是对我们的常识信念和经验科学方法的系统怀疑，它否认在经验科学中我们能获得关于外部对象的知识，甚至连外部对象是否存在，我们都不知道。怀疑论者通常不会直接断定外部对象不存在，他们只是宣称，即使外部对象存在，它们的存在性、内在结构、相互间的因果联系等也不能被我们所认识，也就是说，他们否认的是我们拥有某种知识。通往怀疑论的道路有两条：笛卡儿道路和休谟道路。笛卡儿道路侧重于强调我们的常识-科学认识手段的可错性，它反思我们信念的各种来源，指出总是可以设想它们是假的。比如，常识经验和更深入的心理学研究都告诉我们，知觉在很多情况下是不可靠的，具有欺骗性。更极端地，笛卡儿式的超级梦境设想和魔鬼设想告诉我们：我们经验到的一切都可能只是南柯一梦或魔鬼的恶作剧，不得当真。与笛卡儿道路相比，休谟道路下的怀疑则围绕着观念或感觉印象与对象本身之间的关键性区分展开：直接被给予的只是感官接收的感觉材料，外部对象则是推论性的存在。特别地，因果关系没有被我们直接经验到，被经验到的只是感觉印象间的规则性相继关系。休谟道路实质上是对笛卡儿道路的完成，因为梦境设想已经隐含地触及了观念与对象之间的区分。另外，当代科学哲学中经常被拿来与怀疑论或科学反实在论相联系的一个概念——经验观察对科学理论的未决定性（underdetermination）①，也可以看作是休谟道路的延伸，因为它所强调的经验与理论之间的距离正是观念-对象区分的一个侧面。总之，在感官经验与对象或关于对象的真理之间做出一个一般性的区分，是怀疑论的根本立足点。②正是在这样的区分下，怀疑者得出了他们的结论：我们无法拥有任何关于外部世界的知识。

对此，自然主义者应该如何回应呢？从蒯因对自然主义的界定中，我们可以推测蒯因的态度。蒯因认为，第一哲学是不必要的，科学不需要它的证成，也不接受它的批评。这似乎就暗示着，在蒯因看来，怀疑论不是一个值得认真对待的问题。从蒯因对怀疑论的一些直接评论中也可以看到这一点。比如，他对怀疑论者仅有的批评是：基于那些怀疑论的理由而否认科学提供知识是一种"过度反应"（Quine，1981，p. 475）。但是，仅仅指斥怀疑论者是在小题大做，显然是不够的。自然主义者必须更实质性地拒斥怀疑论者对经验科学方法可靠性的质疑。而在笔者看来，一种较为合理的可能回应已经隐含在蒯因对科学之本性的论述中了。

---

①　经验观察对科学理论的未决定性是说，经验观察所提供的信息并不能唯一地决定我们的科学理论，后者远远超出前者。面对观察给定的那些证据，可以提出很多不同的理论来满足它们，我们之所以持有我们实际上持有的理论而不是别的与已有观察同样相符的理论，并非基于对世界的客观观察，而是因为我们自身的一些特征。

②　Stroud（1984）包含对这点更详细的分析和阐明。

我们先前看到，在蒯因那里，科学是一项可错的、可修正的事业，而非旨在提供享有绝对确定性的信念，科学自身本质地涉及一种不确定性。怀疑论无非以系统的方式阐明了科学信念的这种不确定性，但这并不意味着科学不能提供知识。怀疑论者在否认经验科学提供知识时，实际上是将绝对确定性当作知识的必要条件了，而这是一种一厢情愿的假设，自然主义者完全可以拒绝这个预设，正如蒯因事实上所做的。在这一点上，另一位著名的自然主义哲学家——帕皮诺，有着比蒯因更为清醒的认识。帕皮诺区分了信念形成机制的可靠性和确定性：一个信念形成机制是可靠的，如果（作为这个世界的偶然事实）它一般地产生出真信念；一个信念形成机制是确定的，如果它所产生的信念不可能是假的。在这种区分的基础上，帕皮诺论证了我们的知识概念并不要求确定性，而只要求可靠性，并且这里的可靠性还不是 100% 的可靠性，即不要求信念机制产生出的信念都是真的。[①]

当然，可能有人会说，帕皮诺的论证以关于心灵内容的自然化表征理论为前提，是站在自然主义内部对怀疑论的回应，对怀疑论并不构成真正的威胁。的确，如果要全面分析我们的知识概念，表明怀疑论者对它的一些预设是错误的，这当然要依赖于关于我们是什么和心灵如何表征事物等问题的深度理论。自然主义者只能站在由他们所信任的科学提供的全幅世界图景中去考虑这个问题。要求自然主义者放下自己的武器再来与对手较高下，这可能并不公平。如果非要如此，那么笔者认为，在不对知识概念和人类认知进行深入的自然化分析的前提下，一个自然主义者面对怀疑论者提出的疑难，也许只能满足于指出如下事实：怀疑论者的知识概念预设了对知识的极强的确定性要求，而怀疑论者并没有就此给出好的说明。此外，作为善意的提醒，一个自然主义者也许还会建议：相比于否认我们拥有关于世界的知识这一明显的直觉，放弃对确定性的追求是更好的选择。

---

① 见 Papineau（1993）。

另外，如果我们已经接受了自然主义，信任经验科学的方法，站在科学提供给我们的世界图景（尤其是关于人类认知的图景）内部思考问题，那么我们对怀疑论就可以有更充分、更细致的回应。这是因为，现代科学对世界的构成、人类的起源和认知活动等都有着丰富、详细的说明，它们能帮助我们看到怀疑论的一些隐蔽的假定，并指出它们的问题，就像社会学、心理学的研究能让我们更好地理解和回应有神论一样。事实上，前面提到的帕皮诺对知识概念的分析就是这方面的一个例子。

更为典型的一个例子来自叶峰。叶峰分析了"外部世界"这个概念，指出它预设了一个非物理的主体或自我，而这与现代科学的结论相矛盾。在现代科学的描述中，人类与其他动物一样，是漫长的自然进化的结果，生活并繁衍在这颗蓝色的星球上。每一个人类个体，都是由受精卵发育而来的物理-化学-生物系统，是自然界的一部分。所谓"主体"，不过就是人的身体和大脑，主体的感觉、思维和意识等，也不过是大脑的活动、功能和属性。[①]比如，考虑视知觉的过程：物体发出或反射光进入人的眼睛，经过晶状体的屈光作用后打在视网膜上形成光学图像，视网膜上的感光细胞（包括锥细胞和柱细胞）被光子刺激后发生一系列化学反应，将光学图像转换成神经冲动，神经冲动由神经纤维传递到大脑，在大脑中经过一系列神经处理过程后最终形成关于物体的表象。在这整个光学-化学-神经处理过程中，科学没有给非物理的主体留下任何位置。虽然依然有大脑内的事件和过程与大脑所处的环境中的事件和过程之间的区别，但这种脑壳内外之别显然不是怀疑论者所说的内部世界与外部世界之间的区别，因为在怀疑论者的图景中，整个大脑都应该归属于外部世界，而那个怀疑着的自我则超脱于外部世界，是一个无形的、原子般的、不可分割的、超自然的存在。叶峰认为，当一个怀疑论者追问我们怎么知道自己有大脑的时候，实际上是在"'引诱'我们将自己设想成一个原则上可以跟大脑分离的'自我'，就像一个灵魂或一个住在大脑中的'小人儿'，然后从那个'自我'的角度

---

① 关于这一点的更多讨论见本书第六章。

去怀疑，自己是否真的住在一个大脑中"。如果抛弃这样的设想，从大脑的角度看，"如果是一个大脑在认真地怀疑自己是否存在，那么我们只能说，这是一个有严重认知障碍的大脑"（叶峰，2016，第 287 页）。

叶峰将上述关于"自我"或"脑中小人儿"的错误预设称作"我执"谬误（基于与佛教哲学中的"我执"概念的显然的类比），并指出它是很多哲学家（包括一些自然主义者，如蒯因）在进行哲学思考时常常会不自觉地犯的一个错误。[1]叶峰还进一步推测了它的心理学起源："这种错误的'自我'预设应该是来源于大脑正常的自我意识功能。人类大脑的自我意识功能是进化的结果，它有益于人类个体生存与种族繁衍，但它也常常导致大脑在思考的时候，特别是在反思自己以及自己与环境的关系的时候，作一些虚幻的预设，将自己（常常下意识地、隐含地）设想为一个独立于这个大脑的东西，即所谓的'主体'或'自我'，设想'自我'只是利用这个身体与大脑去认识'自我'之外的所谓'外部世界'。"（叶峰，2016，第 288 页）

也许有人会提出，即使接受现代科学的结论，承认思维的主体是大脑而放下"我执"，也仍然能提出一种特殊版本的怀疑论，如"缸中之脑"（brain-in-a-vat）设想向我们表明的："我"（作为一个大脑）如何知道自己不是被养在实验室里的一个营养缸中的大脑，全部知觉经验都是由一个聪明但邪恶的科学家以神经刺激的方式人为输入的？比如，"我"现在看到一张桌子，上面有"我"的笔记本电脑，电脑键盘上还有"我"的手指在跳动着，可是，"我"怎么知道它们（桌子、电脑、"我"的手指）是在"我"的大脑之外独立存在的实体，而不是由一个邪恶的科学家直接刺激我的大脑造成的虚假感受呢？

对于这样一种缸中之脑版本的怀疑论，笔者认为，自然主义者可以有三个层次上的回应。其中，第一个层次的回应与摩尔对传统怀疑论的经典

---

① 叶峰所谓的"我执谬误"与 Ryle（1947）著名的"机器中幽灵"的思想相似，也与 Dennett（1991）对"笛卡儿剧场"幻相的批评一脉相承，但叶峰更为系统和彻底地应用了这个观点，尤其是在他的数学哲学研究中对它进行了淋漓尽致的发挥。关于叶峰的这一思想，我们在第六章考察叶峰的物理主义数学唯名论时还会谈到。

回应相似，是常识层面的回应，由我们的首席自然主义哲学家蒯因做出。据报道，蒯因在一次讨论中被问到缸中之脑问题时，是这样回答的："……在目前阶段，搭建这样一个大脑，是一件不大可能办到的事情。所以，我不认为我是一个这样的大脑。"（Forgelin，1997，p.549）这里，蒯因完全以我们在日常生活中对待真假问题的方式对待缸中之脑问题。他告诉我们，从现时的技术手段看，成功维持一个缸中之脑的可能性极低，因此他不相信自己是一个缸中之脑。这就好比有民众质疑阿波罗登月计划的历史真实性，举出种种所谓费解"谜团"来论证它是骗局，为了释疑或辟谣，专家就对诸"谜团"一一做出解释。专家在释疑或辟谣时心里对这类质疑很可能是有些不耐烦的，但既然民众认真地这么问了，就只好耐着性子解释。蒯因把缸中之脑问题当成与对登月真实性的质疑相似的问题看待，他原本可以翻个白眼，戏谑地说："哦……我倒希望自己是个缸中脑。可是现在的技术，连简单的人脑体外存活都还办不到啊！"但既然问者那么认真，他便也假装认真地回答，只是回答的内容显然不是问者想要的。它就像摩尔举起的手臂，自带一种戏谑的味道。

然而，怀疑论者大概不能领略这种戏谑，并对蒯因的上述回答表示不满。怀疑论者可能会强调，他不是在日常意义上发问，而是在原则意义或哲学意义上发问。特别地，怀疑论者会提醒蒯因注意：他可能从生活的一开始就是一个缸中之脑，他所了解的技术现状乃至他的全部生活经验，都是邪恶科学家一手策划并灌输给他的，他彻头彻尾地活在一个升级版的《楚门的世界》里，因此，他用自己习得的经验或知识来拒斥缸中之脑的可能性，是没有搞清楚问题的本质。

这个时候，我们的自然主义者就可以推出他对缸中之脑问题的第二个层次的回应了。他可以说：在自然化的知识概念中，排除一切可能怀疑的绝对确定性并不是知识的必要条件，一个真信念要算作知识只需具备帕皮诺所说的那种可靠性，即产生该信念的相关信念生成机制在我们所生活的世界中一般地会产出真信念。在这样的知识概念下，只要"我"事实上不是一个缸中脑①，那么"我"就知道自己不是一个缸中之脑，正如"我"知道地球上的兔子是真兔子而非外星人投放的高级仿真机器兔一样。这里的关键在于，放弃怀疑论者隐含地假定的知识概念，从大脑与环境的复杂关系角度自然化地理解大脑的概念表征和认知功能。详细的说明涉及关于概念、指称、真理和知识等语义概念的自然化理论②，这里不做更多的讨论。

除了以上两个层次的回应，我们的自然主义者还可以对缸中之脑版的怀疑论做出第三个层次的回应。这一层次的回应，着眼点不再是论证"'我'知道自己不是缸中之脑"，而是强调，在现代科学的图景下，"我"是不是一个缸中之脑，或"我"知不知道自己是不是一个缸中之脑，并不是一件哲学上很重要的事情。③至少，它不能像传统怀疑论那样导向对外部世界存在性的怀疑。这是因为，即使"我"是一个缸中之脑，那也仅仅意味着"我"个人所知觉到的对象都是假的（即在"我"的脑外并不存在），但这无害于"外部世界"的存在，这里的"外部世界"包括"我"所处的实验室和那个操纵"我"的经验的邪恶科学家，当然也包括"我"自身（作为一个缸中之脑）。在这个意义上，缸中之脑与传统怀疑论中的那个"怀疑着的我"有着根本的不同，它的概念本身承诺了一个物理世界，并且它自己就属于那个世界，而非与那个世界异质的东西。正是这样的特点使得"我是不是一个缸中之脑"成了纯粹的"我"个人的问题，而对我们的世界观毫无影响。

综上，我们从自然主义立场出发，讨论并回应了传统怀疑论者对于外部世界的怀疑和它的缸中之脑变体。我们试图表明，一旦接受了自然主义，在现代科学提供的世界图景下思考怀疑论问题，它就不再是一个那么富有颠覆性或理论冲击力的问题。事实上，它的全部意义无非就在于向我们指明这样一个事实：我们的知识包含着一种本质上的不确定性，绝对确定性

① 如果"我"事实上是一个缸中之脑，情况会复杂得多，因为这时"我"脑中的概念内容就和常人大不相同了，具体则依赖于特定的内容自然化或概念表征理论。
② 这方面可参考 Adams（2003）和叶峰（2008b）。
③ 当然，这里我们只关心缸中之脑的怀疑论方面，而不考虑与之相关的其他方面的问题，如伦理学问题。

不是我们所能达到的目标。这一点实际上也为最近 100 多年来的科学进展所验证。比如，相对论和量子力学的出现让我们认识到，那些以往被视作牢不可破的信念，如关于时空绝对性和排中律的信念，并非真的牢不可破。再比如，罗素悖论向我们表明，即使是概括原则①这样高度自明性的数学信念也不是不可错的。从自然主义的观点看，这其实是十分自然的：我们人类这种动物，并不是带有神性的造物，而是自然演化的结果，是十分有限的存在，我们没有理由希冀能获得绝对确定的知识。

另外，虽然我们不能获得确定性知识，但自然主义下的世界图景又向我们表明了，我们通常的认识手段如知觉、经验归纳等，在一种自然化的意义上是可靠的。以经验归纳为例，休谟向我们指出，经验归纳得来的信念并不是确定地为真，无论我们观察到多少只乌鸦是黑的，我们都不能完全确定下一只还是黑的。一个自然主义者并不会否认这一点，但他同时会强调，根据科学提供的宇宙图景，我们所生活的这个宇宙并不是一个杂乱无章、古怪百出的梦境，相反，它由一些自然类（natural kind，如质子、水、猫、百合等）构成并服从一些自然律，从而使该宇宙中的事物拥有一种高度的齐一性。正是这种自然齐一性，保证了我们惯常依赖的经验归纳法的可靠性，即（按照前面给出的帕皮诺式定义）作为这个世界的偶然事实，它一般地产生出真信念。当然，我们一再强调，这种可靠性说明，目的并不是为经验归纳法提供超科学的证成，它本身是由经验科学的研究得到的，无法承担第一哲学家追求的那种证成任务。

我们看到，自然主义者回应怀疑论的方式，与第一哲学家极为不同。第一哲学家如笛卡儿、康德，都非常严肃、积极地对待怀疑论问题。他们在怀疑论所预设的那种"我思-外部世界"图景下思考问题，试图为我们的经验科学知识大厦寻求确定的基础。自然主义者反对这种目标，并且这种反对，在笔者看来，是原则上的。有些自然主义者，如麦蒂，认为自然主义者（在麦蒂笔下就是"第二哲学家"）无须在原则上反对第一哲学的目标：

---

① 它断言，对于任意的性质 P，都存在一个集合 S，S 的元素恰好是那些拥有性质 P 的对象。

　　　　原则上，第二哲学家并不反对笛卡儿的第一哲学目标：如果他用怀疑方法能得到他所追求的确定性，第二哲学家会很高兴。她不把他的方法划入"超科学"的，也不宣称科学不对这样的法庭负责；她仅仅是检查他的论证过程并发现它们是不够好的……原则上，她不拒斥任何探究或方法。（Maddy, 2007, p. 85）

　　这样的开放态度会显得对第一哲学家友好一些，但笔者相信，它实际上是与自然主义的精神相悖的。如果先不站在自然主义的立场上，从而悬置一切经验科学探究的成果，那么可以说，第一哲学的追求是一种完全合法的追求，接受它与否取决于对其论证的仔细检查。但如果我们已经采取了自然主义的立场，信任经验科学对人类认知过程的描述，我们就必定从原则上反对第一哲学的追求。比如，我们看到感官知觉是大脑获取环境信息的基本方法，它不能提供笛卡儿意义上的确定知识，但却是我们拥有的最好方法，第一哲学家对超出知觉确定性的确定性的追求，则完全是在缺乏自我认知的条件下产生的一种狂妄自大的冲动。总之，自然主义者不应该是原则上"不拒斥任何探究或方法"的"好好先生"。相反，按照我们先前的介绍，自然化的认识论拥有很强的规范性维度，它完全可以在与拒斥通灵术同样的意义上拒斥第一哲学的追求和方法。

　　当然，除了从原则上拒斥第一哲学的目标，自然主义者还可以通过考察第一哲学的特定理论和具体论证来反对第一哲学，反过来也是为自己的进路提供一种辩护。比如，自然主义者可以指出笛卡儿关于上帝存在的论证有着怎样的问题、莱布尼茨的单子论如何疑难重重，等等。更重要的是，自然主义者有必要内在地回应一下它的主要竞争对手——先验哲学，指出它的内在困难。我们还是以康德的先验唯心论作为例子来说明这一点。

　　康德先验唯心论的很多内在困难，早已被批评家指出，成为学界常识。比如，康德的物自体概念被认为是一个大麻烦，它至少会引发两个难题：首先，物自体既超出知性的范围，因而不适用因果性范畴，又被认为是感觉的外部原因，这似乎暗示着康德的宇宙中有两种因果关系——作为知性范畴的因果关系和超验的因果关系，如何理解它们，康德并未有足够清楚的说明；其次，主体对对象的感性直观依赖于感性形式的整理，但感性形式只能保证对象被表象在时空中，而不能提供具体内容，例如，"我"面前的水杯为什么在桌子上面而不是下面，它为什么是红色的而不是蓝色的，等等，这些具体内容只能来自物自体，那么在这个意义上，是否可以说物自体本身的性质可以间接地被我们认识呢？

物自体的概念还很容易让我们想到康德哲学的一个更一般和更核心的特征，那就是区分两个层次的探究：经验探究和先验探究。经验探究从经验层面上探究对象和自我，得到的是经验科学（包括经验心理学）；先验探究则从先验层面上反思我们的经验得以可能的条件，它最终得到的是一种先验心理学或认识批判。然而，这样的两层化会引发康德哲学的另一个内在困难，即说明先验探究的认识论性质。[①]因为同经验探究一样，先验探究也会产生一些判断，例如，"人类的直观都是感性的并且只有两种感性形式"，但它们显然既不是后天判断也不是分析的，甚至也不是关于经验世界的先天综合判断，它们何以可能，是一个问题。康德为了回答关于经验世界的先天综合判断如何可能这一问题而走向先验探究，但先验探究的答案却为我们制造出了更难回答的认识论问题，这不能不说是一个讽刺。当然，有人可能否认先验探究提供知识，以规避上述难题，正如康德自己的某些表述所暗示的，先验反思"只是对纯粹理性的批判，而不是任何理论或学说，它的用途只是否定性的，作用不在于对我们的理性进行扩充而仅在于对其进行纯化，使它免于谬误"（Kant，1997，A11/B25）。但是，难以否认的是，《纯粹理性批判》中充斥着关于人类认知官能的断言，如果它们不是知识性论断，又该怎样理解它们呢？

康德先验哲学还有一个根本性的困难也与它的两层化特征相关，就是如何调和先验探究与经验探究。按照康德的承诺，先验探究可以一劳永逸地探明可能经验的范围和条件，其结论丝毫不需要也不能够接受经验的检

---

① 麦蒂尤其强调这个方面，见 Maddy（2007），I.4。

验，而经验探究无论如何进步，都无法超出先验探究确立的框架和规范。可是，经验科学在康德之后的发展，却对康德的美妙愿景给予了无情的打击。比如，相对论中时间和空间的一体化与黎曼几何化，就完全颠覆了康德对作为感性形式的时空的想象；量子力学视野下微观世界的概率化，也对传统的因果观念造成了巨大冲击，包括康德的作为知性范畴的因果概念。如何在康德的先验框架中容纳这些经验新发现，对于先验哲学来说是严峻的挑战。

不仅如此，经验科学除了探究普通的自然事物，还探究人本身，包括人的意识和认知活动，这就会引发它与先验探究的更深刻的矛盾。例如，经验心理学也关心先天知识问题，并从人脑的由基因决定的内在结构和习得的概念框架的角度说明它们何以可能①，如何理解这种自然化的先天知识说明与康德先验哲学下的先天知识说明之间的关系，是一个问题。更一般地，经验科学将意识和认知看作大脑的活动与功能进行研究，这与先验哲学在先验立场下对意识和认知的研究之间是什么关系？二者研究的是同一种东西吗？如果是，如何调解二者之间的矛盾结论？如果不是，难道说我们有两种意识和两种认知活动吗？

这个难题，也正是叶峰在为自然主义辩护时给先验哲学家提出的问题。叶峰同时还指出，人们之所以通常会忽略先验哲学与经验科学之间的冲突，也是由于我们前面提到的那种"我执"谬误（叶峰，2012）。"我执"使人们将自我当成住在大脑中的一个非物理的"小人儿"，从这个"小人儿"的角度看，大脑及其所从属的世界是所谓的"外部世界"，与自我不同。外部世界的存在性对于自我来说是可怀疑的，并且即使它存在，自我对它的认识（即经验科学）也受自我的认知配置（如感性形式、知性范畴等）的限制。先验哲学就是对自我的认知配置的反思，如此等等。然而，一旦破除了"我执"，从自然主义的框架下看问题，怀疑论和先验哲学的魅人色彩就会立即消失，如同我们以上的分析表明的。

———————————
① 关于先天性的一个初步自然化刻画见叶峰（2010）第二章第五节。

二、围绕科学的一些疑虑和误解

除了怀疑论和第一哲学这个强大的传统，阻挠人们接受自然主义的另一支重要力量源自人们对科学之本性的一些疑虑和误解。比如，有些人就以科学方法在不同学科领域中表现出的多样性、异质性为由拒绝自然主义，甚至否认科学与非科学之间的区别。还有人将科学视作与宗教崇拜类似的东西，从而将自然主义当作一种"科学宗教"。还有一些人则喜欢强调科学与人文的对立，认为科学与我们人类最为关心的人性、道德、价值、人生意义等问题无关，或者认为科学必然会导向物质主义和享乐主义的或虚无主义和悲观主义的"不良"人生观，以此来反对自然主义。对于所有这些，自然主义者应如何回应，我们下面来简略地谈一谈。

首先是关于科学方法的定义或划界问题。按照蒯因的自然主义，科学方法是我们认识世界的最好方法，科学理论是我们获得的关于世界的最好理论。于是，一个自然的问题是：究竟什么方法算是科学方法？什么理论算是科学理论？对于这些问题，当代的科学哲学家普遍承认，我们还没有一个令人满意的回答。更准确地说，我们无法给出一组条件 C，使得对于任意的方法或理论 T，T 是一个科学方法或科学理论，当且仅当 T 满足 C。为科学方法提供严格的定义或理论标准，是科学哲学中的一个未解难题。

很多自然主义者都注意到了这个问题，并做出了回应。比如，麦蒂（Maddy, 2007）就宣称自己要认真地对待它。麦蒂的策略是放弃那种用"只信任科学方法"之类的原则直接定义自然主义的做法，转而通过引入一个理想的探究者，即麦蒂所谓的"第二哲学家"，并描述她在种种语境中的思想和实践的办法，来刻画自然主义（麦蒂称自己的自然主义为"第二哲学"，以与其他版本的自然主义相区别）。关于这个探究者，麦蒂写道：

> 这个第二哲学家同样地熟悉人类学、天文学、生物学、植物学、化学、语言学、神经科学、物理学、生理学、心理学、社会学……甚至数学，一旦她认识到它对于她试图理解世界的持续努力是多么重要。她对其他主体的兴趣，至少在目前我们看来，局限于她对他们的

人类学、心理学、社会学等的探求。她使用我们通常以"科学方法"这个粗糙但方便的术语所描述的方法，但不以任何确定的方式刻画这一术语究竟蕴含什么。她只不过是从常识的知觉出发，从那里进一步扩展到系统性的观察、主动的实验设计、理论形成和测试，并在前进的同时评估、修正和改进自己的方法。（Maddy，2007，p.2）

麦蒂强调，与蒯因式的自然主义者不同，第二哲学家不是出于对第一哲学的绝望而被迫成为第二哲学家的，她从一开始就是诺拉特之舟上的忙碌的水手，是科学王国的原住民。麦蒂用一个具体的例子说明了这一点：针对原子的存在性这个问题，蒯因式自然主义者大概会说，"我相信原子是因为我相信科学而科学支持它们的存在"，而第二哲学家则会说，"我相信原子是因为爱因斯坦做了如此这般的理论论证、培林做了如此这般的实验等"（Maddy，2007，pp.85-86）。

初看起来，麦蒂的第二哲学似乎与蒯因的自然主义有显著区别，正如麦蒂本人所坚持的。蒯因主张信任科学方法，并将第一哲学方法归入超科学方法之流而拒斥之，第二哲学家则避免使用"科学""非科学""超科学"之类的术语表达自己的观点，强调以一个熟悉诸科学成果的探究者的身份进行具体问题的具体分析，例如，反驳笛卡儿关于上帝存在的论证、康德的先验哲学，论证原子的存在，等等。但笔者认为，麦蒂所宣称的那种区别并不具有实质重要性。这是因为，称第一哲学方法为"超科学的"和援引科学为原子的存在性辩护这些做法，并不必然预设对科学方法的一种严格定义。事实上，蒯因及其他自然主义者大都是在实指的意义上使用"科学"或"科学方法"这些词的。在这种用法下，科学理论无非现实中科学共同体当前所持有的理论观点，就是当前被人们接受①的物理学、化学、生物学、生理学、神经科学、心理学、人类学、社会学等学科的内容，而"科学"一词不过是对它们的一个方便的概称。类似地，科学方法也不过就是

① 蒯因没有将纯数学包括在科学部落内，而现实中人们则是把数学包括在科学内的，所以这里也许应当对科学加上一个限定词，即"经验的"。

现实中科学家所普遍接受和使用的方法，如直接的知觉观察、提出假说、数学建模和推理、针对性的实验设计和仪器测量等，可以通过枚举范例的方式进行描述性刻画，正如麦蒂描述性地给出对第二哲学家的刻画一样。

用原子的例子来说，笔者认为，"我相信原子是因为我相信科学而科学支持它们的存在"这种说法，与"我相信原子是因为爱因斯坦做了如此这般的论证、培林做了如此这般的实验等"这种说法，并没有实质性的区别，因为前一种说法中的"科学"不过是对爱因斯坦的论证和培林的实验等相关研究工作的一种省略而方便的称呼罢了。要点仅仅在于，对于自然主义来说，描述性的刻画就够了，无论是对一个理想探究者的探究实践的描述，还是对现实中人们普遍接受的科学理论和科学方法的描述，其都可以发挥我们想要的作用，而对科学方法的"当且仅当"式的精确定义或对判定它们的算法式的严格标准，则是不必要的。

在这一点上，叶峰（2012）抓住了问题的关键。他指出，即使没有区分科学方法与非科学方法的严格理论标准，我们也可以有意义地谈论科学方法，以没有严格的区分标准为由否认科学方法与非科学方法之间的区别，就和以没有区分秃顶男子与非秃顶男子的严格标准为由否认有秃顶男子与非秃顶男子之间的区别一样荒谬。

虽然如此，麦蒂对第二哲学家的人物肖像式刻画仍然有一定的启发意义。至少，它能告诉我们在某些方面如何更好地做一个自然主义者：尽量熟悉各专门科学的具体内容，成为科学王国的原住民，而不是仅仅站在远处遥望和援引科学家的实践与成果。因为在现实中，自然主义的反对者对自然主义的批评经常自我标榜为一种对"科学霸权"的反抗，而遗忘了科学是由一些具体的理性探究构成的，要反对某个科学论断，如反对原子的存在性，必须直接去挑战科学所提供的那些相关证据（evidence）——爱因斯坦的理论论证和培林的实验等，而不能仅仅用"抵制科学霸权"的口号博取一种奇怪的同情。再如，考虑占星术的例子。与一名占星术信仰者进行争论的好方式，不是告诉他占星术不是科学，而是直接列举支持我们对行星运动和人类行为的科学认识的大量证据，说明它们与占星术中将行星运动和人类行为联系起来的那些论断的矛盾之处，请求他对这些证据进行理性的回应。一旦进入这种细节的追究，我们很快就会发现，占星术（以及风水、算命等类似的东西）在科学面前不堪一击。

基于类似的考虑，我们也可以回应前面谈到的对科学之本性的第二种常见误解，即将科学视为与宗教甚至迷信无本质区别的那种观点。在科学中，一种实体被断定存在，往往基于复杂的观察和理论证据。例如，科学家相信原子存在，是因为原子假说可以解释很多观察到的现象，如物质化合反应和布朗运动现象等，并且根据它做出的理论预测得到了实验的验证，如爱因斯坦的预测为培林实验所验证，等等。相比之下，宗教教义在断定实体存在上要武断得多，那些被断定为存在的实体也缺乏对经验现象的解释和预测能力。更重要的是，科学在宣称一个信念时，总是抱着试探性的（tentative）态度，这与宗教信仰的态度有本质区别。比如，对于基督徒来说，首要的美德就是对上帝存在性信念的坚定，一丝丝的怀疑都会构成顶大的罪；而对于科学家来说，恰当的态度应该是根据现有的证据试探性地持有一个信念，并随时准备根据新收集的证据修正或放弃自己的信念。所以，当人们指责自然主义是"对科学的迷信"时，自然主义者可以回答说："迷信科学"这个说法本身是自相矛盾的，因为科学就意味着"不迷信"，意味着对新证据的开放态度，科学在本义上就反对偏执地、毫不反思地、不允许任何动摇地相信一个教条。

自然主义不是"科学崇拜"，而是一种与科学之基本精神相一致的谨慎态度。对此，叶峰有一些精彩的论述。叶峰（2012）指出，自然主义并没有断言"科学方法是绝对可靠的"，或"现代科学的结论是终极真理"。它只是认为，科学方法是迄今我们所能有的最可靠的方法，是历史上的众多知识体系相互竞争后的胜出者，现代科学的结论相对来说是最可信的。特别地，应用科学方法所犯的错误还是要靠科学方法来纠正。[①]

[①] 考虑一下科学史上科学进行自我修正、自我更新的丰富案例，如原子模型从道尔顿到汤姆生再到卢瑟福再到玻尔及玻尔之后（电子云模型）的曲折发展，又如伯德（A. Bird）在探讨科学与宗教的区别时为了说明科学的自我纠错能力而援引的"熊猫的拇指"的例子，参见 Bird（1998，p. 5）。

　　自然主义当然也不是科学万能论，它从未断言科学可以认识一切或解决一切问题。恰恰相反，科学研究表明，我们人类在认知上是十分有限的存在，我们在获取关于世界的信息上有着一些固有的局限性。比如，在显微镜、望远镜出现以前，我们对微小的和遥远的事物就很难有实质性的了解。虽然随着科学技术的进步，我们的认识工具越来越先进，在突破自身认知局限上取得了可观的成就，但毫无疑问，我们对宇宙的探索仍然囿于狭小的范围，很可能有些维度是我们永远无法达到的。不仅如此，有正面的理由让我们相信，有些东西对于科学方法来说很可能是原则上不可知的。比如，如果多宇宙假说成立，那么那些我们没有生活在其中的宇宙对我们来说就是认知上不可通达的，因为我们和它们之间没有任何因果联系或信息通道。或者，也许一个更简单的例子是关于历史的细节性问题：比如，我们原则上无法知道公元前 221 年的某一天秦朝宫殿里究竟都发生了哪些事情，除非某种时空穿越被允许。另外，还可以举一个可能会被人们认为更加具有哲学性的例子：应用科学方法，我们也许能最终认识支配我们生活于其中的这个宇宙的终极自然法则，但对于为什么它遵循这样的法则而非别样的法则，我们却似乎无法回答。换句话说，科学方法只能告诉我们世界如此这般，而不能告诉我们它为何如此这般，更不能告诉我们为何竟然存在一个宇宙而不是空无所有。①

　　最后，科学并非与人性、道德、价值和人生意义等问题无关。这是因为，科学探究人是什么、从何起源等问题，而对它们的回答显然会直接甚至决定性地影响我们关于人性和道德的观点。比如，在自然主义图景下，"绝对律令"之类的超自然道德原则就没有位置，道德意识和道德信念会在进化、基因和社会文化传统的基础上被解释。当然，这样设想的道德会让人们产生一个自然的疑虑，即它是不是会导向道德相对主义或道德虚无主

---

　　① 只是，对于人类这种动物来说，这最后一个问题也许不是一个可以合法地追问的问题。人可以追问房间里为什么有老鼠或太阳上为什么出现黑斑，但追问为什么有世界似乎就是在把自身设想成世界之外的某种存在者了。

义。对于这个疑虑，我们援引叶峰的观点作为回答：

> 人类由于共同的基因和生长环境，在充分的交流中最终会得出极其相似的道德观念。极端相对主义的情形事实上是不会发生的……将道德评价、不同道德观之间的相互影响、交流的可能性，以及普世道德的存在性，寄希望于由人类的共同基因决定的人性事实上的普遍性以及人类的理性交流，而不是寄希望于某一些人能够理解、掌握超自然的"绝对律令"、绝对道德真理这个前提，更符合我们今天普遍接受的价值多元化、自由主义的原则。它既不武断地、教条地、以沙文主义的方式将一种价值观、道德观置于所有其他价值观、道德观之上，又期待我们所接受的价值观、道德观具有普世性，允许我们理性地、经验地为我们所接受的价值观、道德观的普世性做论证。（叶峰，2016，第 316 页）

同样地，自然主义对于我们的价值观也有重大的影响。比如，自然主义接受了科学对人的描述，承认人是一个生物-物理系统，是自然进化的产物，而非拥有不朽灵魂的神造之物，这就意味着，人的价值和尊严不能再建立在灵魂、上帝之类的基础之上。有人可能会认为，自然主义将人降格为物，也就贬低了人的价值。但这种想法预设了一种偏见，即认为只有本质上非物质的东西才能谈得上独立的价值和尊严，而自然主义者如 Dennett（1995）、叶峰（2012）等则指出，事物的价值和尊严在于事物结构与功能上的复杂性，与是物质的还是非物质的无关。

叶峰用一个思想实验说明了这一点。设想人是有非物质的灵魂的，但人的学习、思考、推理、行动计划等任务都由大脑神经元完成，灵魂的功能仅仅是实现自由意志，即"自由地"触发大脑执行某个行动计划。在这种情形下，叶峰追问道，我们还会认为灵魂最有价值和尊严吗？答案恐怕是否定的，因为这样的灵魂就像是"电脑的开关按钮"，按钮显得很重要（不按下它，电脑就不会启动），但我们都知道它是电脑诸部件中最没有价值的部件之一。叶峰认为，真正有价值的应当是那个经由漫长进化得到的、集成了上千亿神经元的、高度复杂的大脑，而非那个简单无趣的灵魂。

至于人生观，很多自然主义者如 Dennett（1995）、Flanagan（2011）和叶峰（2012）相信，自然主义并不必然导向悲观主义或享乐主义。相反，它更倾向于支持一种与东方佛教思想相通的无我、慈悲、中道的人生观。考虑科学提供给我们的世界图景，不难发现它与佛教无我的、因果缘起的世界观颇有相似之处。这种世界观会引导我们放下一些偏执的想法，无论它表现为反人性的禁欲主义还是极端的物质主义、享乐主义。特别地，笔者认为，自然主义对世界、人的因果式理解尤其能帮助我们采取更宽容与慈悲的道德和生存态度，因为它意味着人的人格、行为是由先天的基因和后天环境与经历等复杂的客观因素共同决定的，人并没有超自然的自我和绝对自由，所以人不必为自己的行为承担终极的指责或赞美。比如，对于一个罪犯，在我们认识到他童年家庭的不幸或成年后所遭遇的社会不公后，我们对他的仇恨和道德愤慨通常会减轻，我们可能会认为，他并不是他的行为的终极或唯一责任承担者。更极端的情况是，如果一个人天生具有严重的神经功能缺陷以致充满暴力倾向，那么即使我们发现他有一些危害社会的行为，我们恐怕也不会对他进行任何道德上的指责。这当然并不是说我们应当对那个罪犯或神经疾病患者听之任之，不对他们采取任何教育（包括道德评价）、神经生化治疗、惩罚、限制人身自由等手段，因为我们相信那些手段作为一种因果要素可以有效地影响一个人的未来行为，降低其犯罪的概率和对他人的危害。我们只是强调，自然主义者会拒绝在一种终极的意义上对他们进行道德指责。同样地，对于那些道德高尚的人，或取得巨大成功的人，自然主义者也应当避免施以终极的赞美，因为我们知道他们的高尚或成功很大程度上得益于他们的天赋、阶层出身或生活经历中的幸运等客观因果成分。总之，对人的行为的自然因果式理解，能让我们走向一种更慈悲、更宽容也更淡泊的生存观。

三、小结：笔者在本书中所接受的自然主义

以上我们从介绍笛卡儿式怀疑论和第一哲学传统开始，逐步深入地对

自然主义之内涵进行了论述和辨析，同时对针对自然主义的若干重要疑虑或误解进行了回应和澄清。通过这样一些步骤，笔者已经初步阐明了在本书中所接受的自然主义立场，该立场是笔者在本书的后续讨论中所采取的工作假设。但为了清楚起见，有必要再对这一立场做出一个总结性的陈述，尤其是要说明一下它和经典的蒯因自然主义有什么异同。

由于已经提到的一些原因，笔者认为蒯因自然主义的一些特定方面可以放弃，转而采取一种较宽容当然在某些方面也更模糊的自然主义立场作为开始。比如，蒯因借助本体论承诺概念表述的本体论自然化论题，就不必被纳入我们的基本假设，反倒是应当从我们的基本假设出发重新审视本体论承诺概念的合法性。又如，蒯因认识论自然化论题对"贫乏的输入-喷发式输出"问题的聚焦，也不必作为我们的基本假设。接受认识论自然化与接受这个问题为认识论的中心问题是两回事，比如，我们可以在当代认知科学的意义上理解自然化认识论的内容。

所以，笔者的自然主义基本假设很简单，那就是信任科学方法、接受现代科学关于世界（包括人）的基本结论，在此基础上进行哲学思考。我们无法严格界定科学方法，但我们已经说明过，这对于自然主义者来说不是一个严重的问题。我们对于科学方法，开始时可以持一种宽泛的理解，如同常识对科学的理解那样，特别是甚至将数学也作为科学家族的成员。从这样的假设出发，按照融贯性或自洽性标准，我们可以检视人们所宣称的那些形形色色的认识方法，看它们是否与科学结论相容，从而决定是否接受它们。比如，笛卡儿的怀疑方法、康德的先验方法等，都预设了一个不同于大脑的"形而上的我"，它们就是我们不能接受的，因为现代科学明确地将人类看作是自然演化得来的生物-化学-物理系统，思维、意识等都是大脑的活动、属性和功能。再如，有些哲学家经常强调我们拥有一些直觉能力或认识方法，如形而上学直觉、语义直觉、数学直觉等，对于它们，需要仔细分辨是否包含一些与科学结论不相容的预设。如果这些直觉指的是源于大脑的由进化和基因决定的内在结构的能力，那就是我们可以接受的，因为不难想象大脑在进化中形成了一些内在结构，使得它与环境之间具有一种"先定和谐"，从而允许大脑在正常发育和很少的经验学习后就能获得一些识别时空、物体、因果性、数学模式等环境普遍特征的能力，而且对于它们的应用，大脑自身无法用语言来描述清楚。但如果这些直觉被宣称为是独立于大脑的心灵而把握外部世界或抽象实体的能力，那么它们就与科学关于人类认知主体的描述相矛盾了，因而是我们要拒斥的。①

在这样的自然主义假设下，哲学是与科学相连续的事业，它的方法不能超出现代科学描述下的人类认知主体所能拥有的方法，它本质上是科学研究的同质延续。可能有人会认为，这样一来，哲学家就毫无价值了，哲学应当被取消，认识世界的任务全部交给科学家就可以了。并且不难想象，这种担忧正是很多人反对自然主义的原因之一。但事实上情况绝没有那么糟糕。自然主义只是意味着哲学自然化，放弃对超科学方法的追求。在这样的前提下，哲学家仍然有很多事情要做，因为哲学与特殊科学在对这个世界的关注点上有所不同，主要可总结为以下三点。

第一，哲学家追求整全世界观，追求对世界的一个整体而全面的理解，而专门科学家则往往专注于特定领域的专门问题。一个具体的表现是，哲学家探讨的典型的哲学问题，往往需要整合多种学科的知识资源才有希望解决，而不是任何专门科学能够处理的对象。比如我们在本书中所关心的数学哲学的基本问题，要回答它们，显然必须对纯数学的方法论、大脑的认知机制、数学在诸经验科学中的应用等进行广泛的研究，这不是专门科学家所能胜任的。实际上，专门科学家虽然在他们的专业研究中大量运用数学，但却很少会注意到那些数学哲学的问题。

第二，哲学家更关注事物较为普遍的方面或特征，力图对我们认知中的基本概念进行反思和澄清。比如，在科学哲学中，经常讨论的话题如自然类、自然律、因果性等，都是专门科学家通常不加反思地使用的一些一般概念。自然化的哲学家可以在诸科学的丰硕成果的基础上，对它们进行

---

① 这方面的一些讨论可参见叶峰（2012）。

更细致的分析和研究，如对因果要素进行精细分类和相对重要性比较等，并且这样的研究对特殊科学家显然也会有启发作用。这种基本概念层面的反思、澄清，有些时候甚至可以革命性地推动一个学科的发展。这方面最切近当下现实的一个例子就是人工智能，哲学家对智能概念的深入反思，也许会对人工智能的未来腾飞起到关键的作用。

第三，对于自然主义的哲学家来说，尤其值得关注的是科学描述下的世界所表现出的一些不协调的方面。比如，一方面，现代科学将人视为自然事物，视为一个物理-化学-生物系统；另一方面，人在思想、运用语言和道德争论中又表现出强烈的规范性，即语义规范性和伦理规范性，它们直观上似乎不像是自然事物的自然属性。自然主义哲学家最主要的一个任务就是消除这种表面的不协调性，将指称、真理、知识、正义等规范性概念自然化。除了规范性属性，心智的现象意识属性（phenomenal consciousness）也是自然化哲学特别注意的问题，因为在直观上现象意识似乎具有一种不可还原的主观性，与现代科学所提供的物理宇宙图景有潜在的冲突。①

总之，接受自然主义、承认科学方法对于我们理解和认识事物的可靠性，并不意味着哲学的终结。哲学在专门科学之成果的基础上追求一个整全而融贯的世界观。它在方法上与科学无本质的区别，主要就是在经验观察的基础上进行概念分析和假设-演绎等。在关注的问题和角度上，它与专门科学有上述一些微妙的区别，这些区别也使得它比专门科学更少地直接涉及实验和数学建模等典型科学方法，并且这些区别都不是严格意义上的。自然化的哲学研究是与特殊科学尤其物理学、语言学、认知科学、脑科学、社会学等交织在一起的，它与诸特殊科学构成一个连续的整体，共同推动我们对这个世界的理解。

---

① 我们在第六章还会回到这个问题。

第三章

自然主义通向数学实在论的实用主义道路

我们在本书第一章中已经指出，关于数学的本体论问题是 20 世纪 60 年代以来数学哲学的中心问题，对这个问题的一个古老而至今不衰的回答就是数学实在论。数学实在论断言，数学对象作为抽象的对象客观地存在着，数学定理是对它们的客观描述。它在当代数学哲学中有很多形式，比如，哥德尔的概念实在论就是其中很重要的一种，但概念实在论严重超出了自然主义的基本假设，是严格反自然主义的，因此不是笔者在本书中要正面考虑的。在本书中，我们更关心从自然主义原则出发是否可以得到某种数学实在论，而本章将要探讨的就是自然主义通向数学实在论的最经典或最主流的道路：以不可或缺性论证为具体实现手段的实用主义道路。之所以称之为"实用主义道路"，是因为它的核心特征在于诉诸数学在经验科学中的实际应用为数学实在论辩护，将对数学真理的最终证成建立在数学对科学的有用性上。并且从这一点上说，它总是力图将数学实在论与科学实在论绑定在一起。

实用主义数学实在论的开创者是蒯因。作为一个全能型哲学家，蒯因对当代分析哲学的各个领域，如逻辑与数学哲学、语言哲学、心灵哲学、一般科学哲学等，都做出了极为杰出的贡献。他提出的很多哲学观念、原则或论题，如对经验主义两个教条——分析性概念和还原论的批判、方法论自然主义、整体论、彻底翻译的不确定性、"去引号"的真理论、本体论承诺和本体论的相对化等，都对当代分析哲学产生了难以估量的重大影响。他也因此常常被认为是 20 世纪最有影响力的哲学家之一。在数学哲学方面，蒯因最主要的贡献无疑是对数学实在论的不可或缺性论证。应该说，这个论证与蒯因在其他方面的思想有着千丝万缕的联系，其中最明显的当然就是与蒯因的自然主义、本体论承诺和整体论思想的联系，它们都是不可或缺性论证的重要前提。另外，还有一些相对隐蔽的联系常常为学界所忽略，比如它与蒯因对经验主义还原论的批评之间的联系。充分认识这些联系，包括明显的和隐蔽的，是恰当理解和回应不可或缺性论证的重要基础，正如我们后面的分析将部分表明的。

关于不可或缺性论证的表述，在蒯因著作中的很多地方都可以找到，也被很多学者在很多场合概括和阐述过，如 Quine（1960）、Putnam（1971）、Colyvan（2001）和叶峰（2010）等。一般认为，它包含如下四个前提：

（1）本体论自然化论题：我们应当接受一个对象的存在当且仅当它被我们最好的科学理论承诺。

（2）本体论承诺的判定标准：一个科学理论的本体论承诺就是它的量词所概括的对象的总体。

（3）数学的不可或缺性：用单称词项指称数学对象或用量词对数学对象进行概括的判断，在我们的科学理论中是不可或缺的。

（4）确证整体论：科学理论是整体性地被确证的，特别地，关于数学对象的假设和关于普通物理对象的假设是一起被确证的。

这里值得注意的是，按照学界通常的做法，确证整体论也被当作不可或缺性论证的一个前提。但是，在后面的分析中，我们将表明可以区分两种形式的不可或缺性论证：纯粹形式的不可或缺性论证和整体论下的不可或缺性论证。前者不依赖于确证整体论，但也因此比较消极，在一定意义上，与其说它是对数学实在论的论证，不如说它是对数学唯名论的一种挑战，旨在给数学唯名论者提出一个必须予以正面回应的问题；而后者因为有整体论的辅助，则具有更强和更丰富的蕴涵，并构成了蒯因数学哲学的建设性主张。通过这样的区分和分析，我们能够更精确地理解整体论在蒯因数学哲学中所扮演的角色和它对于后者的极端重要性，以及如果整体论被合理地拒斥，蒯因的自然主义数学哲学将会遭受何等重大的损失。

对于不可或缺性论证的全部四个前提，数学反实在论者都曾提出过一些相应的质疑，但这里我们不打算综述所有这些质疑，而是紧紧抓住确证整体论这个我们认为在蒯因数学哲学中扮演最关键角色的要素，展开对不可或缺性论证的分析和反驳。事实上，在关于不可或缺性论证的早期讨论中，人们重点关心的不是整体论，而是它的前提（3），即数学的不可或缺性，如唯名论者菲尔德、赤哈拉、海尔曼等人的各种数学唯名化规划，都以消除数学原则上的不可或缺性为目标。但这些工作很快表现出极大的局限性（详见第六章），一般被认为都未能取得最终的成功，这部分地使很多哲学家将注意力转向了对确证整体论的讨论，如 Maddy（1997）、Sober（1993）、Vineberg（1996）、Leng（2002）等。在区分了不可或缺性论证的两种形式后，我们将对围绕确证整体论的这些争论进行评述，尤其是重点讨论麦蒂与柯立文之间的一个争论。

麦蒂是最著名的整体论批评者之一，通过考察科学家关于原子论的历史实践，她指出整体论与科学实践并不相符，不能作为科学确证的恰当模型，从而也拒绝接受关于数学实在论的不可或缺性论证。麦蒂的批评遭到了不可或缺性论证的一个重要捍卫者——柯立文的反批评，笔者将对麦蒂和柯立文的这方面争论进行分析，维护和深化麦蒂的论点，从而继承她对确证整体论的拒斥。具体的策略是对确证整体论的论点和理由进行深度剖析，区分整体论的本题、附题以及本题所包含的两个逻辑性质不同的子论题。

除了麦蒂提供的思想线索，还有一个批评蒯因整体论的进路很重要，那就是叶峰从关于认知主体的自然主义图景出发对整体论之真正意义的澄清。但这一进路涉及叶峰在哲学上的正面的根本立场，也与他对蒯因自然主义之缺陷的系统性诊断（包括对蒯因的本体论承诺、彻底翻译的不确定性、本体论的相对化、"去引号"的真理观等观念的辨析）不可分割，因此我们留待第六章时再介绍和讨论。

作为后续分析的基础，下面我们首先对蒯因的确证整体论思想进行一个相对细致的梳理。

第一节　确证整体论

整体论是蒯因哲学的一个核心思想，相对于蒯因哲学的破坏性方面，如对逻辑实证主义的两个教条的批判，整体论最为显著地展示出了蒯因哲学的建设性方面，也是贯穿蒯因之一生哲学思想的主线之一。一般认为，在蒯因的著作中至少能找到两种意义上的整体论：语义整体论和确证整体论。

语义整体论断言，意义的基本单位是我们的整个语言或整个科学理论（蒯因经常不区分语言和理论），而不是单个的语词或句子。科学理论作为一个整体对经验进行解释和预测，使语言整体地与事物相联系从而具有意义。有时候，这种语义整体论被看作是弗雷格语境主义原则的一种推广。这是因为，弗雷格强调通过分析数词出现于其中的语句的含义来分析数词的含义，这似乎就是在暗示意义的基本单位是句子而非单个语词。这当然是一种误解。弗雷格只是建议通过考察句子以确定语词的含义和指称，但绝没有否认单个语词有确定的意义。恰恰相反，在弗雷格那里，单个语词如数词和概念词都有严格确定的含义与指称，即作为抽象之物的数、概念实体和思想或思想的部分。弗雷格十分明确地承诺了一个意义实体的世界，即他所谓的"第三领域"。在所有这些方面，蒯因的语义整体论都与弗雷格的意义理论不同，因而也谈不上是对语境原则的推广。

蒯因的语义整体论与他对分析-综合区分的著名批评密切相关。正是因为认识到无法划清分析语句与综合语句之间的界限，蒯因才得出结论——意义必定是整体的。在其思想发展的早期，蒯因的语义整体论观点非常强硬，后来则有所削弱。比如，在《语词与对象》（Quine, 1960）中，蒯因开始区分观察语句和理论语句，承认前者具有相对独立的意义，因为观察语句与特定的环境刺激相联系，它们构成观察语句的刺激意义。但关于蒯因的语义整体论，我们在这里不拟做更多的细节探讨，因为一方面它与我们所关心的不可或缺性论证并不直接相关；另一方面，在蒯因那里它是作为一个能够导出确证整体论的更强也更有争议的论点被提出的①。无论如何，让我们下面仅把注意力集中在确证整体论上。

蒯因在自己著作的很多地方表述过他的确证整体论思想。比如，在

---

① 如果具有经验意义的是整个科学理论而非单个语句，那么被经验确证的显然也只能是整个理论而非单个语句，即导出了确证整体论。不过在笔者看来，相反的方向似乎也成立：如果确证是整体地进行的，那么单个语句（观察语句也许除外）就很难享有独立的经验内容，而后者对于经验主义的蒯因来说是意义的主要来源。目前学界对蒯因语义整体论的主要争议是，它预设了一种行为主义的意义标准，参见 Gibson（2004）。

《经验主义的两个教条》中，他写道：

> 我们关于外部世界的陈述不是单个地而是作为一个联合的整体
> 面对经验的法庭……我们所谓的知识或信念的总体，从最偶然的历史
> 地理事实到原子物理学最深刻的定律……是一个人造的织物，只是在
> 边缘上才与经验接触。（Quine，1980，pp. 41-42）

再如，在《真之追求》中，他告诉我们：

> 观察句出错并不能结论性地证伪假设。它所证伪的是用以导出观
> 察句的语句的合取。要撤回这个合取并不必然要求撤回所涉的那个假
> 设；我们可以撤回合取中的其他语句作为替代。这就是被称为整体论
> 的那个重要洞见。（Quine，1992，pp. 13-14）

由这些段落我们可以清楚地看到，确证整体论的基本内容非常简单，即认为科学是作为一个整体被确证的。并且，用来支持它的理由也是十分简单的逻辑考量：单一假设不能直接得到观察层面上的预测，只有借助其他各种各样的假设，如逻辑和数学假设、关于系统的具体初始条件假设、一般性的理论假设等，由诸假设的合取才能得到观察推论。当观察推论与观察结果不符时，从逻辑上讲，任何一个合取支都可能为此负责，没有什么逻辑上的理由能让我们相信，观察结论的错误是指向某个特定的假设的。比如，在气体动力学研究中，我们从一个关于气体运动规律的一般假设 P 和关于当下被研究的特定气体动力系统的一个辅助性观察陈述 O 出发，经过一些数学运算后得到一个可观察的预测 Q，并在进一步观察下发现 Q 与事实不符，这时我们只得出结论说，前提 P、O 和运算所依赖的那些数学假设（姑且不考虑运算过程中的低级错误）至少有一个错了，但单单从 Q 被证否（disconfirm）来看，我们并不能确定到底是哪个前提错了。

很明显，从这样的确证整体论出发，立即可以得到关于我们的信念的一种普遍可错主义（fallibilism）观点：所有信念都是可错的，原则上都可以基于不屈的经验被修改。只要我们对理论做出足够强的调整，任何陈述

都可以恒为真，同样也没有哪个陈述能免于被修改。不过蒯因也承认，有些假设如逻辑和数学的假设，在我们的信念系统中拥有更稳定的地位，因为修改它们会给整个系统带来地震式的影响，在实际修正中我们遵循最小修正原则，但要点在于，它们的特殊性仅仅是程度上的而非质的。从根本上说来，我们的信念由逻辑关系联结成一个"无缝的网络"，虽然有些信念处于较核心的位置，另一些处于较边缘的位置，但所有信念都作为一个整体面对经验的法庭。①

除了纯粹逻辑的理由，蒯因及整体论的其他支持者也常常诉诸科学实践本身来为整体论做辩护：历史上，科学理论是通过多种不同的修正方式来保持自身与顽抗的经验数据相一致的，比如，拉卡托斯的一些研究表明，科学家常常通过修改辅助假设的方式来维持某些较为核心的研究纲领或理念。②有理由猜测，这种对科学实践的历史性观察，很可能是确证整体论产生如此重大的哲学影响的一个重要因素，因为它相比于逻辑的理由，显得更切中科学实践的历史实情。

假定科学确证确如蒯因所认为的，是整体地进行的，那么仍然有一个问题要回答：我们应当基于什么样的整体性标准来决定接受或拒绝一个给定的理论呢？作为对这一问题的回答，蒯因列出了一个理论品质的清单——简单性、经验恰当性、保守性、丰富性、可反驳性、对新现象的可延拓性，等等。③根据蒯因，科学家就是通过平衡这些理论品质来对理论进行抉择的。这样一种为理论进行辩护的方式是间接的，正如蒯因自己承认的，但蒯因认为这就是证据之所是：对理论品质的享有就是在最底层支撑我们的所有知识的东西。

这样，总结以上的内容，我们能从蒯因的确证整体论思想中得到两个

---

① 蒯因在后期对这点做出了些许让步，承认有些逻辑原则（比如分离规则）可能是我们永远不会修改的。

② 比如拉卡托斯指出，牛顿物理学在面对早期的一些异常时就是这样被维护的，直到更好的替代理论——相对论出现，牛顿物理的一些核心观念才被放弃。关于拉卡托斯的科学研究纲领方法论，可参见 Lakatos（1978）。

③ 蒯因在不同时期给出的理论品质清单有稍许不同，但并无本质差别，参见 Quine（1976）和 Quine（1992）。

不同的论题。第一个论题是一个简单的逻辑洞见，它告诉我们被确证或证否的不是单个假设而是假设的总体。[①]设 Σ 是一个理论假设和观察语句的集合，φ 是一个观察语句，如果 $\Sigma \vdash \varphi$ 并且 φ 与观察不符，那么从逻辑上讲出错的可以是 Σ 中的任何一个语句，Σ 作为一个整体被证否；反之，如果 φ 与观察相符，那么 Σ 也作为一个整体被确证，或者说被 φ 支持。我们把这看作是确证整体论的本题，可记为 H。这个本题 H 又可以从确证和证否两个角度被分析成两个子论题，即

H_1：φ 与观察相符时整体性地确证 Σ。

H_2：φ 与观察不相符时整体性地证否 Σ。

整体论的本题 H 具有一种逻辑上的明显的说服力，几乎是无可辩驳的（请见本章第三节）。然而，从蒯因关于理论品质的前文论述可以看到，他的整体论思想还有一个附题，也就是我们从蒯因确证整体论能得到的第二个论题：判定一个理论可接受性的终极标准是它的整体性的理论品质，后者是最底层的证据，是证据之所是。我们将此附题记为 H^*。显然，与 H 的逻辑显明性不同，H^* 有更大的争论空间。可以设想，如果不可或缺性论证对 H^* 有依赖性，那么我们就可以尝试从其中寻找不可或缺性论证的破绽。

下面我们就来分析不可或缺性论证与整体论之间的微妙关系，以期说明后者在前者中究竟扮演了怎样的角色。

第二节　整体论在不可或缺性论证中的作用

回忆不可或缺性论证的那四个前提，一个不难发现的古怪之处是，第四个前提（即确证整体论）似乎是多余的。由前提（1）（2）（3），即本体论

---

① 这里我们当然不考虑通过增加合取支人为地将多个假设合为一个假设的情况。理论上，有穷多个假设总是可以合并为一个单一的假设的，但这不是科学实践中实际发生的，整体论只是强调通常人们以为的那种单个理论假设被确证的想法是错误的。

自然化论题、本体论承诺的判定标准、数学的不可或缺性，就已经可以逻辑地得出结论：我们应当赋予数学对象以客观实在性。其中，（1）构成论证的大前提，它告诉我们应当接受一个对象的存在当且仅当它为我们最好的科学理论所承诺；（2）和（3）则构成小前提，它们一起向我们保证数学对象确实为我们最好的科学理论所承诺。

于是，纯粹形式的不可或缺性论证实质上就可以总结为这样一个论断：数学对象的存在是我们的科学理论所承诺的。关于这里的理论承诺概念，也许还应多解释几句，因为它涉及蒯因所特别强调的对科学语言进行规范性改写或整编的问题。要弄清我们理论的本体论承诺，蒯因认为必须先用一阶语言将我们的科学理论重新表达为一个演绎封闭的句子集 Σ，这里所谓"演绎封闭的"，是指对于任意的句子 φ，如果 $\Sigma \vdash \varphi$，那么有 $\varphi \in \Sigma$。一阶整编可以让科学语句间的逻辑关系变得清楚，并能使它们的量词形式显式地表现出来，从而使我们的理论的本体论承诺不至于隐匿不显。另外，通过适当的逻辑转化技巧，还可以消除很多不必要的表达，从而削减我们的本体论承诺。比如，我们显然不想承诺孙悟空、帕加索斯之类的对象存在，通过对它们进行罗素式的摹状词改写，我们就能将它们剔除出我们的本体论。同样地，借助集合论中常用的归约技术，我们可以避免对大部分普通数学对象（如自然数、几何图形）的指称，而仅仅谈及集合这类抽象对象，无疑将大大简化我们的数学本体论。总之，在蒯因那里，"不可或缺性"这个词暗含了一种奥卡姆剃刀的精神，它要求尽可能减少我们的本体论承诺，只承诺那些为了使我们的理论为真而不得不承诺的东西。

关于本体论承诺的这些方面，对于我们在这里关心的问题来说关系并不是很大，我们不做更细致的讨论。我们这里要强调的仅仅是，综合（1）（2）（3）三个前提，我们已经得到了一个通向数学实在论结论的完整论证，似乎不需要整体论的帮助，我们就可以得到我们想要得到的结论。这就使整体论在以上表述的不可或缺性论证中成为冗余的东西，它的作用成为一个谜，而要破解这个谜，我们必须分析一下这个简化形式的不可或缺性论证的强度，看看它是否有易受到诘难的地方。我们希冀找到一些它的隐藏的弱点，从而为整体论的登场提供动机。

很明显，对于一个自然主义者来说，对纯粹形式的不可或缺性论证的大前提，即本体论自然化论题，是不太好进行质疑的。[①]并且事实上，不可或缺性论证的批评者也确实主要将注意力集中在了对小前提（2）和（3）的攻击上。而从直觉上可以判断，拒斥（3）即数学对科学的不可或缺性的难度也不小，因为那意味着为科学构造一种剥离对抽象对象的指称的唯名论语言，以此替代通常的数学语言来表达我们的科学理论，或者重新解释经典数学的语言，使得它不承诺表面上所承诺的抽象对象，这样一项工作绝不会是容易的或平凡的。[②]并且如果这样的语言或者说这样的唯名论数学被成功地构造出来了，那么给不可或缺性论证增添上整体论前提恐怕也无济于事，至少表面上看来，整体论和数学的不可或缺性相互之间是独立的。这样一来，为了说明整体论在不可或缺性论证中的作用，我们很自然地就将目光放在了前提（2）上，即蒯因的本体论承诺标准上。

对于蒯因的本体论承诺原则，我们立即可以提出的一个问题是：为什么科学应该承诺它所指称的所有对象？难道不能把某些对象，如数学对象设想为是有用的虚构，对于理论的表达非常方便但却不是实在的对象吗？毕竟，在科学中我们经常使用这种虚构的对象或表述方式，如物理学中谈到的质点、理想气体、光滑的平面、排除一切外力影响的双星运动系统等。事实上，在围绕不可或缺性论证的争论中，有很多人就采取了这种立场，如 Melia（2000）、Leng（2002）、Hoffman（2004）等。这种将数学对象看作是有用的虚构或方便的神话的想法，通常被称作"数学工具主义"。

对于来自数学工具主义者的批评，本体论承诺标准的维护者大概马上会回应说，数学对象和那些理想对象在科学实践中扮演的角色并不相同。

---

① 当然，本书将专章着重讨论的三位后蒯因自然主义者——伯吉斯、麦蒂和叶峰除外，他们对蒯因的批评都深入到了对其自然主义原则的缺陷性诊断上。

② 这样的工作有很多人做，前者的一个例子是 Field（1980）所阐述的虚构主义，后者的一个例子是 Yablo（2001，2002）所阐述的比喻主义。但人们通常并不认为这些工作成功了。

实际上，理想对象虽然在日常的科学话语中经常被谈及，但严格说来却不符合本体论承诺的标准，因为可以将那些谈及它们的话语改写成不指称它们的语句。以理想气体为例，科学家实际上只断言，如果有一些气体满足如此这般的一些理想化条件，那么它们的行为就会遵循如此这般的规律，现实的气体因为近似地满足那些条件，因而也近似地遵循那样的规律。在这里，量词概括的只是气体，而不是理想气体。所以，理想气体以及其他类似的理想对象，对于科学来说并不是严格不可或缺的，而数学对象的情况则不是如此，科学家通常并不认为数学对象或结构是被设想为满足一些理想化条件的理想对象，为现实的物理实体或结构所近似。比如，它们不会说：如果存在一些理想对象（如理想化的气体）像实数那样构成一个连续统，那么它们就满足实数理论所蕴含的一些性质，现实对象（如现实中的气体）近似于实数，因此近似地满足那些实数论的性质。

这种回应本身当然是没错的，数学对象和一般的理想对象在科学中的作用确实有本质区别（这点我们后面还会谈到），但它并不能完全打消从理想对象的例子启发来的数学工具主义的想法，因为数学工具主义并不是要将数学对象视为理想气体之类的理想对象，而只是要求将它们也理解为有用的虚构，否认其实在性，至少否认其为我们的科学理论所承诺。比如，Azzouni（1998）就提出要尊重科学家在日常使用"存在"这个词时的多种用法，区分两种不同形式的量词，而只承认其中的一种形式具有本体论承诺，并且概括数学对象的量词不在其内。所以，对数学工具主义的反驳不能停留在指出数学对象与普通理想物理对象之间的区别上，需要更为有力的东西。

一种可能的做法是诉诸自然主义的基本原则。蒯因的自然主义原则告诉我们，实在是在科学中被辨认和描述的，说一种对象被直陈式的科学语句指称或断定存在但同时又不是实在的，本身似乎是违背自然主义精神的。事实上，有些持构造经验论观点的哲学家如范·弗拉森（B. C. van Fraassen）甚至对原子、电子之类的不可观察的物理对象也持工具主义的态度，拒绝赋予它们客观实在性。但对于自然主义者来说，这种立场却不是可供选择的立场，因为自然主义的基本精神就是接受科学的世界观性质，反对工具化地理解科学。特别地，"存在"这个词应当被单义地理解。既然数学对象和不可观察的物理对象一样对科学不可或缺，那么就不能仅仅因为某种哲学的偏见而把它们排除在实在的领域之外。实际上，蒯因就是因为不愿意采取本体论上的双重标准，才"不情愿地"接受了数学柏拉图主义。

然而，即使到了这一步，蒯因的本体论承诺标准的维护者也仍然没有取得完全的胜利。因为即便考虑到自然主义的这样一种内在要求，怀疑者仍然可以回应说，一个无可争辩的事实是，科学家在辨认和描述世界的科学工作中只是宣称他们确证了某种类型的物理对象如恒星、原子、电子或希格斯玻色子等物体的存在，而从未宣称他们的实验结果证实了素数或无穷集等数学对象的存在，但一个理论所承诺的对象不应该恰恰是它所确证为存在的东西吗？至少从直觉上看，与"科学确证"这个概念相比，"本体论承诺"这个概念更像是一个不自然的、模糊不清的第一哲学概念。当蒯因提出本体论承诺来重新诠释科学理论的本体论而不是原样继承科学家关于存在物的朴素意见时，他实际上已经不再是科学王国的"原住民"，而是跳到了科学提供的世界图景之外，去对科学进行评判，这样的做法是否符合自然主义的精神，是值得怀疑的。

笔者认为，正是面对这样一种可能的攻击，确证整体论在不可或缺性论证中找到了发挥作用的余地，它使得本体论承诺标准在更贴近科学实践、更自然的确证语言下得到了表达。因为如果我们前面所勾勒的那种整体论被接受，就意味着科学语句的真理性和其所指涉对象的存在性是整体地被确证的，集合、素数和希尔伯特空间等数学对象，是和电子、原子、黑洞等物理对象一起且在同等意义上被确证的。人们不能既认为确证整体论是真的，又把数学对象仅仅当作是有用的虚构。这样一来，我们就从纯粹形式的不可或缺性论证过渡到了整体论版本的不可或缺性论证。这个加强版的论证能够避免对前提（2）的如上攻击，但代价却是引入一个新前提，即确证整体论，而这个新前提本身是否比前提（2）更站得住脚，仍然是一个问题。如笔者已经指出的，有很多针对不可或缺性论证的批评，都将矛头指向了确证整体论，其中最具代表性的一个例子就是麦蒂。但关于确证整体论的合理性问题，我们留待本章下一节再讨论，目前我们仅将注意力集中在对两种形式的不可或缺性论证的区分和对它们各自后果的阐明上。

虽然在不借助整体论的情况下，不可或缺性论证可能会遭到上述工具主义的反驳，但应当注意的是，这种反驳的力量并不是毁灭性的，还不足以将纯粹形式的不可或缺性论证完全击倒。因为要把数学对象归为有用的虚构，必须同时说明这些虚构的对象为什么有用。比如，为什么哈姆雷特、孙悟空或金陵十二钗之类的由小说家虚构的对象没有像斐波那契数列、希尔伯特空间那样在科学描述和推理中发挥举足轻重的作用？实际上，脱去不可或缺性论证的那些精致外衣，我们不难发现它的力量从根本上来说就是源于这种对数学的可应用性的考量。正如弗雷格的名言所表达的："应用使数学从游戏上升为科学。"如果不是在科学中的广泛应用，数学很容易会被视为一种逻辑游戏，就像某些形式主义者所认为的那样，但应用却让数学难以被这样单纯地看待，它似乎严格超出了遵守规则的游戏（如围棋）的范围。这里所谓的"数学应用"，主要是指把数学命题作为科学推理的前提来使用。[1]在科学实践中，我们经常从一个前提的集合 Σ 推出一个结论 φ，即 $\Sigma \vdash \varphi$，并因此而相信 φ，并且 Σ 中往往包含一些数学前提。如果我们认为那些数学前提是虚构的而非真实的，那么上述科学推导活动的合法性本身就会受到质疑，因为我们没有理由单单因为 $\Sigma \vdash \varphi$，就相信 φ，结论的可靠性不仅依赖于推理的有效性还依赖于前提本身的真理性。[2]

雷斯尼克充分注意到了这一点，他写道：

> 无论科学家对自己的理论采取怎样的态度，他们都无法自身一致地将他们所使用的数学看作仅仅具有工具的价值。以牛顿对行星轨道

---

[1]　数学应用当然不只有这一个方面，笔者会在第七章对数学可应用性问题做更多的讨论。

[2]　说明这点的一个极端的例子是，从自身不一致的前提出发，逻辑上可以推出任何命题，即矛盾推出一切。

的说明为例。他计算了单个行星在不受其他引力影响下围绕一个固定恒星的运行轨道。他知道这样的行星是不存在的，但他却相信有关于这样的行星的轨道的数学事实。在推导这种轨道的形状时，他显然是把他所用到的数学原则当作合法给定的。因为他的推导的可靠性依赖于它们的真理性。不仅如此，在使用他的（数学）模型解释现实中的行星轨道时，他实际上是把它包含的数学当作是真的。因为他在解释太阳系行星轨道的时候，是通过宣称它们在行为上近似于由单个行星围绕单个恒星运转来进行的。要使这一解释行得通，所涉的那种孤立系统（牛顿式模型）就必须具有牛顿所归给它的数学性质。这就说明，即使是在理想化模型或明知为假的理论中应用数学时，科学家使用它们的方式也是承诺了它们的真理性和本体论的。(Resnik, 2005, p. 431)

基于这一洞见，雷斯尼克提出了他所谓的"实用不可或缺性论证"（Resnik, 1995），作为对蒯因不可或缺性论证的替代。与后者对整体论的依赖不同，前者仅仅强调：如果我们认为从科学理论导出结论是合理的，那么把科学所使用的数学看作真理也是合理的。雷斯尼克指出，实用不可或缺性论证不要求以整体论为前提，因而可以避开麦蒂等人对确证整体论的攻击，使不可或缺性论证仅仅依赖于数学在科学推导中的实用不可或缺性。

但是，应当注意的是，这种形式的不可或缺性论证已经不再像原始的不可或缺性论证那样能够直接而明确地导出数学实在论的结论了。与其说它是对数学实在论的论证，毋宁说它是对数学唯名论的一种挑战，因为它不像整体论那样断然认为理论在观察上的成功确证了包括数学陈述在内的整个理论，而只是要求说明为什么数学陈述能够帮助我们导出观察上可靠的结论，要求数学唯名论者或工具主义者说明为什么数学这个工具那么有用、它的工作机制是什么。它就好比是对唯名论者说：瞧，我们在科学推理中时时处处使用数学的前提，并经常得出观察上可证实的结论，如果数学对象不存在、数学命题是字面上假的，那么怎么说明这种推理的合法性和成功呢？而如果这个唯名论者给不出好的解释，或许他会成为一个"不情愿的"柏拉图主义者，然而同样可能的情况是，他仍然坚持唯名论的立场，并将数学可应用性问题当作一个需要说明的独立的问题来看待，希冀将来能给出一个对数学可应用性问题的合理说明。

综合上述分析我们可以看到，纯粹形式的不可或缺性论证容易受到攻击而最终退化为一种相对消极的论点，即要求唯名论者说明数学在科学推理中的可应用性。与此不同，整体论的不可或缺性论证要积极得多，借助整体论，它断定数学对象和物理对象在同等意义上被确证。这是一种非常强的论点，它意味着数学成为经验科学的一部分。传统上和直觉上人们一般认为，经验科学所提供的知识是后天的、偶然的、可以被经验证据修正的；相反，数学知识则被认为是先天的、必然的、不能由经验证据修正的。但整体论的不可或缺性论证告诉我们，以纯粹演绎的方式证明一个数学命题还不足以确立它的真理性，因为命题所涉及的那些数学对象的存在性本身需要整体论-不可或缺性论证来保障，数学命题最终是由与经验科学一样的整体性的经验证据证成的。数学命题从它在其中扮演推理角色的经验上成功的科学理论那里，继承到了观察上的支持，同时也可以因为观察证据而被修正。它们和物理学中的非数学部分一样是后天的、偶然的、经验可修正的。这样一种蕴意丰富的立场，显然远远超出了纯粹形式的不可或缺性论证或作为其改进版本的实用不可或缺性论证的范围，如前所述，脱离整体论的不可或缺性论证更多的是对唯名论的一种挑战，而不像整体论下的不可或缺性论证那样直接将数学对象与物理对象置于同等的认识论地位。

整体论-不可或缺性论证所导致的这样一种经验主义数学哲学立场是极为反直观的，与纯数学和经验科学的实践不协调（至少初看起来是这样的）。例如，蒯因的哲学没有给一些特定种类的数学证据，如初等算术的直觉显明性（intuitive obviousness）留下空间，在决定是否接受一条新公理时，也没有哪个集合论学家会研究它能给经验科学带来什么好处，等等。①另外，

---

① 见 Maddy（1997）。

在本书第一章我们提到的可构成性公理的例子，则更直接地展现了蒯因数学哲学与纯数学实践之间的冲突。这些以及更多的例证都表明，数学家通常并不认为他们的数学需要经验应用来保证其真理性。类似地，对经验科学稍稍一瞥就能发现，科学家通常也不认为他们的科学工作在不断发现或证明着某种抽象对象的存在，或者说数学定理需要他们的经验探究来确证。在所有这些方面，整体论-不可或缺性论证都表现出对科学实践的强烈的修正主义倾向，而后者一般被认为是与自然主义的基本精神相违背的。这就为其他形式的自然主义数学哲学准备了动机。下面，我们就来更具体地谈一谈关于整体论的一些争论，并表明笔者在这个问题上的一些看法。

第三节　拒斥整体论

根据上一节的分析，确证整体论对于维持不可或缺性论证的完整效力至关重要，构成了自然主义通向数学实在论的实用主义道路的关键环节。如果能将确证整体论驳倒，那么蒯因式的自然主义数学实在论也就失去了根基，它将退化为一个简单的观察：数学语句在科学推导中很有用，如果数学语句不表达真理，那么如何说明它们的这种有用性呢？因此，确证整体论很自然地成为围绕蒯因式数学实在论的争论的一个焦点。

当代数学哲学中对确证整体论的质疑声音有很多。其中一些是从一种完全不同于整体论的科学确证模型出发的，反对数学为经验观察所确证。比如，Sober（1993）就认为，科学检验或确证是通过从相互竞争的假设导出不相容的预测来进行的，由于共享相同的辅助假设，检验的数据结果就只会作用于特定的假设而非整个背景系统，而数学就是处在背景系统中的，因而不能被确证。Sober 称自己关于确证的这种观点为"对比经验论"（contrastive empiricism），并用条件概率的术语说明它：考虑一个观察语句 O 和两个理论假设 H_1 和 H_2，如果有 $P(O|H_1) > P(O|H_2)$，即 H_1 在 O 条件下的可信度高于 H_2，就说 O 支持 H_1 而反对 H_2，科学确证总是这样对比地进

行的，不存在对一个假设的单独的确证。具体到数学命题的确证问题，Sober认为，数学的特点是被用于所有科学理论，包括被观察证否的理论，因此它无法被观察确证。用条件概率的语言来说，令 M 表示数学理论，即使有 $P(O|M \& H_1) > P(O|M \& H_2)$，$O$ 也只是支持 H_1，对 M 则保持中立。

与 Sober 类似的对整体论的反驳还有 Vineberg（1996）。他提出了一种因果的确证论，认为观察证据对不可观察物的确证是通过因果联系实现的，数学对象与经验可观察的对象之间没有这种联系，因此不能被确证。

整体论-不可或缺性论证的著名捍卫者柯立文对 Sober 和 Vineberg 的观点做出了回应，指出他们并没有提供拒斥确证整体论的直接证据，仅仅以自己特殊的确证理论为前提，否认经验观察对数学的确证，而那些被预设的确证理论本身比整体论更成问题（Colyvan, 2001）。笔者同意柯立文的这一意见，在此不对 Sober 和 Vineberg 的观点进行更多的讨论，而是转向对麦蒂关于整体论的一些观点进行考察。笔者将表明，与 Sober 和 Vineberg 的情况不同，麦蒂的批评可以发展为对整体论的一种直接而有力的反驳。

整体论认为科学理论是整体地被确证或证否的，科学家接受或拒斥一个理论是根据它的整体性质，如经验恰当性、简单性、保守性等蒯因所罗列的那些理论品质。但麦蒂通过细致地审视原子论在历史上被科学家接受的过程，指出科学家在本体论问题上远比蒯因所想象的要谨慎，单单享有那些整体性品质还不足以使他们接受一个有着新的重大本体论承诺的理论。对于这一点，麦蒂自己有如下的一段简要概括：

> 通过对原子论的历史情况的考察，我表明它早在 1860 年就已经拥有了丰富的蒯因式品质，那时稳定的原子序数的计算奠定了原子论在化学中的巨大成功，而到 1900 年气动力学在物理学中兴起以后就更是如此。但直到培林直接探测到原子，验证了爱因斯坦 1905 年的关键性预测以前，科学家却并没有满足。我认为，这就意味着理论品质是不够的；对它们的享有并不是证据之所是；我们最好的科学理论并不是作为一个整体被确证的；它的某些假设在得到更具体的测试验

　　　证以前，是被当作虚构的东西对待的。（Maddy，2005，pp. 451-452）

　　这里首先应当注意的是，麦蒂诉诸工作科学家的实际态度来反驳蒯因的确证整体论。显然，麦蒂认为，这种辩护方式是由自然主义的基本精神保证了的，因为自然主义拒斥对科学做第一哲学的批评，主张科学哲学的任务是对科学方法进行描述而不是规范，哲学必须尊重科学实践。但这是否意味着哲学家完全失去了与科学家进行争论的能力呢？恐怕很多自然主义者都会认为并非如此。比如，柯立文就强调，自然主义只是要求每当哲学家与科学家意见相左时，他们必须将他们的立场建立在科学理由而非超科学的哲学理由之上，而一旦采纳了对自然主义的这种理解，"从一种站在科学事业内部的哲学视角对怀疑原子的科学家进行批评的大门就敞开了"（Colyvan，2001，p. 99）。

　　柯立文所主张的哲学对科学的这样一种批评能力，笔者当然是接受的。事实上，按照我们在第二章对蒯因认识论自然化论题的介绍，蒯因并不绝对排斥哲学的规范性功能，只是强调这种规范性必须是自然化的，必须站在科学内部进行。同样地，麦蒂在其著作中也从来没有否认过自然主义哲学的这种能力，而是对自然化认识论的规范性方面有充分的认识（Maddy，2007）。但是具体到原子论的问题，麦蒂主张，培林实验结果出来以前的科学家对原子的怀疑态度反映了科学确证的重要特征，特别是与整体论相冲突，从而要求修正关于科学确证的整体论模型；而柯立文则认为，这一冲突并没有证明确证整体论是错的，反倒是表明19世纪的科学家持有一种偏见，即对原子这种不可观察的理论实体的偏见，他们一方面在自己的理论中享受原子概念带来的便利，另一方面又拒不承认原子的实在性，而将其视作有用的虚构，所以应当遭到批评的是他们。

　　柯立文并没有进一步阐述他对19世纪科学家进行这种哲学批评的理由。不过可以推断，他认为整体论本身是基于科学理由而成立的，而这本身就构成了对19世纪科学家关于原子的怀疑论态度的反驳。确实，按照我们在本章第一节的分析，确证整体论的本题是一个逻辑洞见，基于逻辑的理由被辩护，而逻辑理由当然是科学理由的一部分。但是，笔者想强调的是，整体论的本题只是断言观察证据所能确证或证否的对象是我们由以推导出观察结论的假设的联合，即整个理论，而非单个的假设，而麦蒂用关于原子论的历史实践所攻击的目标却明显更多的是整体论的附题，即对理论品质的享有并非科学所要求的全部，它们并非就是证据之全部所是。如果这样来理解的话，柯立文的意见就对麦蒂的立场威胁不大了，因为整体论的附题并没有其本题所享有的那种逻辑显明性，面对原子论这样的例子，它似乎只能被看作对科学确证的不准确或不完全的刻画。

不过，至此人们恐怕仍然会有疑问：整体论的本题 H 和附题 H^* 之间究竟是怎样一种关系？附题何以不能由本题导出？或者说，它在什么意义上超出了本题？又是什么东西引诱蒯因从本题武断地走向了附题？要回答这些问题，就需要我们对整体论的本题和附题做更深入的分析。在本章第一节我们谈到，整体论的本题可以从确证和证否两个角度区分为两个不同的子论题：

假设 $\Sigma \vdash \varphi$（这里 Σ 是一个语句集，亦即一个理论，φ 则是一个观察语句），则

H_1：如果 φ 与观察相符，则 Σ 作为一个整体被 φ 确证。

H_2：如果 φ 与观察不符，则 Σ 作为一个整体被 φ 证否。

这两个论题的理由都基于一个简单的事实：φ 是由整个 Σ 而非 Σ 中的某单个语句推导出的。但容易被忽视的一点是，这两个论题有着完全不同的逻辑强度，因为确证和证否在逻辑上是非常不对称的两种东西。证否是结论性的，因为如果 φ 与观察不符，则 Σ 中的语句一定不能都是真的，否则与 $\Sigma \vdash \varphi$ 矛盾；而确证则不是结论性的，因为即使 φ 与观察相符，Σ 中的语句也不必都是真的，甚至可以全是假的，须知矛盾可以导出一切。因此与证否不同，确证只是增强我们对理论的信任度，而不同的观察内容所能增强的程度也有所不同。以原子论的例子来说，培林的实验就极大地增进了科学家对原子论的信任度，以至终结了他们对原子实在性的怀疑，而在这

之前，原子论所得到的那些观察上的支持则没有这种力量。

　　笔者认为，蒯因正是因为没有充分注意到确证与证否的这种不对称性，对科学确证做出了过于简单化的刻画，才得出了整体论的附题，亦即把理论品质的享有当作理论可接受性的最终标准。麦蒂对原子论的分析则表明，科学家在判别理论的可接受性上有着更复杂的考量，对证据的内容有着更具体的要求。不仅如此，如果我们仔细检视广阔的科学实践世界，不难发现，原子论并不是一个孤例。例如，在当代理论物理学中，有着不同的本体论承诺的各种弦论和圈量子理论（loop quantum theory）都享有蒯因式理论品质，但科学家对它们的态度却是同等存疑的，要求有更直接的实验证据来对它们进行甄别取舍。

　　所以，通过区分整体论的本题和附题以及本题的两个子论题，我们可以看到，麦蒂对整体论的批评不能通过诉诸整体论的逻辑理由也就是诉诸整体论本身的科学性来给予回应，柯立文和其他整体论的捍卫者在这个方向上的企图是不成功的。而一旦拒斥了整体论，按照本章第二节的分析，蒯因的数学哲学也就失去了本质性的力量，因为不可或缺性论证将从对实在论的有力论证退化成对数学唯名论的一个老生常谈的挑战，即要求唯名论者解释数学在科学中的可应用性。

　　应当注意，以上我们还只是介绍并维护了麦蒂关于科学实践的这样一个否定性观点：科学家在本体论问题上要比蒯因的整体论所设想的谨慎得多，单靠那些整体性品质的满足，还不足以确证一种对象的实在性，特别是数学对象的实在性。虽然这已经在很大程度上动摇了整体论-不可或缺性论证，但我们还未正面回答科学家在科学实践中实际上是怎样看待数学对象的、他们对数学对象的本体论态度究竟如何，特别是与他们对原子的态度有何区别。回答这些问题，需要对科学实践做更细致的观察。

　　麦蒂自己对这个问题的观察结论是，科学家乐意使用任何有效且方便的数学而完全不考虑它们的本体论承诺，他们在经验探究中完全漠视或无视关于数学对象的本体论问题。对于这一论断，柯立文再次表示反对。柯立文认为，科学家并非完全漠视科学理论在数学方面的本体论承诺。为了表明这一点，他给出了科学发展史上的三个具体案例：无穷小量、狄拉克Δ函数和虚数（Colyvan，2001，pp. 103-105）。我们都知道，在这三类对象初次被引入数学和科学时，数学和科学家群体中爆发了关于它们的广泛而持久的争论，而柯立文认为，这就表明科学家是关心自己的理论在数学方面的本体论承诺的。

可是很明显的一点是，与其说科学家对无穷小量和狄拉克Δ函数的疑虑是一种关于本体论承诺的疑虑，毋宁说那是对它们的数学严格性和一致性的疑虑。比如，伯吉斯在论证经验科学家在数学本体论上的冷漠态度时，就曾指出了这一点。①

柯立文本人也意识到了人们可能会对无穷小量和狄拉克Δ函数这两个例子采取如上的解释，因而宣称将自己的论证的力量更多地放在第三个例子即虚数的例子上，因为虚数或更一般的复数的一致性从一开始就没有人质疑，不能单从严格性和一致性的角度看待关于它们的争论。然而，在笔者看来，这最后一个例子恰恰是最不恰当的例子，因为不难把数学家和科学家如笛卡儿、牛顿、欧拉等人对虚数的疑虑解释成对它们的直观意义或物理意义的困惑，而当虚数和更一般的复数在经验科学中找到了充分的应用，其几何、物理意义得到说明之后，这些疑虑就消失了。这符合一个更广阔的历史图景：在17、18世纪，人们普遍还认为数学是直接关于物理自然的科学，虽然是比其他科学如物理学更具普遍性的科学，如欧几里得几何就被当作是对物理空间的一般性质的描述，但对于缺乏物理直观意义的数学对象，人们就会感到陌生甚至充满疑虑。然而，随着复数理论、非欧几何、群论等抽象数学的兴起和迅猛发展，人们渐渐抛弃了那种关于数学的物理性或直观性的想法，转而把数学理解为一种独立于经验科学的抽象的逻辑想象或构造活动，其所提供的数学模型的每一次成功应用，并不被

---

① 见 Burgess 和 Rosen（1997）。

认为是确证了这个工具所涉及的抽象对象的存在性本身，而只是确证了这个模型对描述相关现象的适用性。[1]至于选择什么样的数学来表达自己的科学理论，科学家则完全遵循实用性和方便性的原则，而完全不关心数学的本体论承诺。事实上，在科学实践中，我们很容易找到虚构性假设的例子，比如，在流体力学中我们一般用连续函数来描述流体的运动，但科学家显然不认为这表明流体或更一般的物理空间是数学意义上的连续体。

综合以上的分析，我们得出结论，整体论及其导致的经验主义数学哲学并不符合自然科学的实践，对于自然科学中的确证方法来说，整体论尤其是它的附题不是一个恰当的刻画，科学家在使用数学描述自然时，也没有把描述的成功当作对数学的确证。

除了从自然科学实践出发对确证整体论进行反驳，我们还可以从另一个角度分析整体论的有效性，那就是考虑它是否与纯数学的实践相适应。实际上，麦蒂在反驳确证整体论时，很重要的一个方面是论证它与纯数学实践的冲突。她指出，数学家显然不认为他们证明的定理还需要经验的证成，或者说，其真理性需要科学应用来保障。当然，蒯因也不否认数学定理是从公理经逻辑推导得到的，他只是强调，作为这种推导之基础的数学公理和逻辑原则本身，是以整体论的方式被经验最终确证的。因此，问题的关键在于：数学家是如何为数学公理辩护的（姑且不考虑逻辑真理的证成问题）？或者，数学公理是否需要数学自身标准以外的经验科学的证成？不难预见，麦蒂对这个问题的回答是否定的，她认为数学家在公理证成问题上的实践也与确证整体论不合。但关于它，我们留待第五章讨论麦蒂的数学自然主义时再谈，目前不做更多的讨论。

---

[1] Leng（2002）专门强调了"数学是用来做模型的"这种观点。Leng 指出，当一个数学模型被成功地用来模拟一种自然现象时，被经验确证的只是"这个模型可以模拟这种现象"这个论断，而不是关于模型本身的论断，反之如果应用失败，被证否的也只是此模型对该类现象的可应用性，而非数学本身。

第四章

数学自主自然主义实在论

　　我们在第三章探讨了自然主义通向数学实在论的经典道路，即不可或缺性道路。前文指出，这一道路蕴含了关于数学和科学实践的很多修正性内容，与自然主义的基本精神有巨大冲突。特别地，它所依赖的确证整体论并不是关于科学确证的一个充分合理的刻画。而一旦失去整体论的支撑，不可或缺性论证就会从一个对实在论的强有力的正面论证退化为对唯名论的一种挑衅或诘难，即指出这样一个事实：唯名论者面临着关于数学可应用性的解释难题。当然，也许有人会说，仅仅指出唯名论的一个难题，虽不能像整体论-不可或缺性论证那样构成积极的实在论数学哲学，但对于实在论还是会产生一定的侧面支持。可是，如果我们足够全面地认识数学可应用性问题，我们就会发现连这点支持也值得怀疑，因为正如笔者将在本书第七章表明的，数学的可应用性问题实际上具有多重面孔，它不只是唯名论者要面对的难题，对于数学柏拉图主义者来说同样是一个挑战。因此，综合这两点我们得到的一个启示是，如果想要在自然主义框架下继续做一个柏拉图主义者，就必须探索自然主义通向数学实在论的其他道路，而不能单单将实在论建立在数学在科学中的可应用性上。

　　放弃不可或缺性或实用主义道路后如何继续做一个数学实在论者这个问题，还可以从另一个角度来看待。蒯因式数学实在论的一个诱人之处在于它对抽象对象的认识论难题有一个现成在手的回答，那就是确证整体论。整体论就像是一个"魔法"，能隐藏很多困难。特别地，它似乎能消除我们对抽象知识可能性的担忧，因为根据它，我们的理论或知识作为一个整体被经验观察确证，而无关乎它们在本体论上承诺的是物理的还是抽象的对象，物理与抽象之间的区分在一个整体中消失了。可是如果这个"魔法"被拆穿了，人们就必须重新面对那个认识论难题。换句话说，抛弃了整体论的自然主义者，如果想要坚守数学实在论的立场，就必须为回答这个难题寻找新的路径。

　　这样，我们实际上是给出了一种不同于蒯因式数学实在论的自然主义实在论类型的轮廓，它一方面不诉诸数学在经验科学中的应用为数学对象的实在性辩护，另一方面也不借助于整体论来回应关于数学对象的认识论难题。这样一种自然主义实在论在现实中通常是通过强调数学的自主性来实现的，所以笔者称之为"数学自主自然主义实在论"，并将其作为本章的主题。它与蒯因式数学实在论将数学吸收、同化于经验科学全然不同，其主张要尊重纯粹数学自身作为一种认知事业在目标和方法上的独特性与自主性，在这样的前提下为数学实践提供一个符合自然主义原则的哲学说明。

当代数学哲学中的实在论思想有不少都试图强调数学的自主性，从而与蒯因式的经验化的数学实在论形成对比。其中立场最为彻底和强硬的当属哥德尔的概念实在论。在概念实在论的图景中，数学拥有与经验科学完全同等的地位，它对应着一个与物理世界分离的抽象对象和概念的领域，并在认识器官和方法上独立自主。固然，哥德尔对概念实在论的某些表述有时可能会让人觉得他的立场与蒯因有相似之处，比如，他强调假定数学对象和假定物理对象"同等合法"，"有完全同样多的理由相信它们的存在"（Gödel，1990a，p.128）；但应当注意，哥德尔的意思是数学对象对令人满意的数学系统的必要性有如物理对象对令人满意的物理理论的必要性，这与蒯因是截然不同的。因为在蒯因那里，数学对象的必要性或不可或缺性和物理对象的必要性一样都是对于物理学而言的，而非对于纯数学而言的。哥德尔实际上是将经典数学的真理性当作显然的前提，然后通过论证抽象对象对于经典数学的不可或缺性，即经典数学无法在不指称它们的条件下得到表述，来为数学实在论做辩护。如我们将看到的，这样的论辩方式也正是典型的数学自主自然主义实在论的论辩方式。只是，哥德尔本人当然不是自然主义者，这尤其体现在他对关于数学的认识论问题的态度上。比如，他认为心灵不等同于大脑，心灵具有一种可借以把握作为抽象实体的客观概念的直觉能力，在功能上严格超过大脑等。但在对数学自主性的强调上，数学自主自然主义者却继承了哥德尔的精神。

与哥德尔式的实在论者不同，数学自主自然主义实在论者虽然强调数学的自主性，但却不希望与自然主义的原则发生明显的冲突。特别地，他们试图为认识论问题寻求一个与自然主义相容的回答。在数学哲学的当代文献中，能被广义地冠以这一名称的立场有：伯吉斯和罗森的彻底自然主义、圣安德鲁斯学派的新逻辑主义、麦蒂的薄实在论、巴拉格尔的全面柏拉图主义等。其中，后两种观点我们到第五章时再探讨，因为它们的提出者并没有将它们作为自己的最终立场，而是意在表达关于数学本体论问题的一种折中或取消主义的态度。至于新逻辑主义，虽然它符合数学自主自然主义实在论的前述基本特征，但它没有把自然主义的原则作为重要的立论根据或解释源泉，因此我们只在本章第一节对它进行一个简短的介绍和评论，包括总结学界已经指出的关于它的一些难点，以及从自然主义原则出发对它发起的一些新批评。而与薄实在论、全面柏拉图主义和新逻辑主义都不同，伯吉斯和罗森的彻底自然主义则不仅追求一种与自然主义相容的数学自主的实在论，还紧扣自然主义的精神发展对实在论的论证和对认识论难题的回应，是数学自主自然主义实在论的最佳范例①，笔者对它的考察也将占据本章最多的篇幅。

伯吉斯和罗森是数学唯名论的坚定批评者。他们合写的著作有很大一部分内容是对当代的各种数学唯名论的规划，如菲尔德、赤哈拉和海尔曼等人的规划，进行比较分析和细致的评价。例如，他们区分了变革性唯名论和阐释性唯名论，又将变革性唯名论分为自然化的和异化的两种，将阐释性唯名论分为内容阐释性和态度阐释性两种，等等。②但我们在这里不打算对伯吉斯和罗森的这套唯名论类型学以及它们是否是对那些唯名论观点的准确概括做更多介绍与讨论，而是把有限的篇幅用在对他们所提出的那种数学自主自然主义实在论的分析上。在后一方面，伯吉斯和罗森的工作主要有两点：一是提出了一个从所谓的"彻底的自然主义"出发对数学实在论的论证，我们称之为关于实在论的"数学-自然主义论证"；二是试图

---

① 有人可能会想到麦蒂的数学自然主义论题，认为它应该也属于我们这里界定的数学自主自然主义实在论。但事实并非如此，因为麦蒂虽然强调数学在方法论上的自主性，但同时主张分离方法论问题和关于数学的哲学问题，其数学自然主义论题并不能被解读为一种数学自主自然主义实在论。关于这一点参见本书第五章的相关论述。

② 相关细节参见 Burgess 和 Rosen（1997）及 Rosen 和 Burgess（2005）。

从自然主义原则出发反驳支持唯名论的认识论论证，回答认识论问题。在本章第二节和第三节，我们将分别对这两点进行分析，并试图表明，这两点都存在着严重的缺陷，它们或者隐含着错误的假设，或者与自然主义不相容。这些缺陷意味着，与自然主义通向数学实在论的实用主义道路一样，数学自主自然主义的道路也不成功，或者，至少没有它的倡导者所宣称的那样成功。

第一节　新逻辑主义

新逻辑主义又被称为"新弗雷格主义"，是最近 30 年来比较活跃的一种数学哲学思想。它是对弗雷格的富有特色的数学哲学观的一种当代继承和发展，试图重新践行弗雷格数学哲学的两点核心主张：一方面断定数学对象构成一个独立于心灵和物理世界的客观领域；另一方面又认为关于它们的数学真理可由一些分析的或意义构成性的原则推导得到，因而是先天可知的。这里的第一点使新逻辑主义得以跻身于数学实在论之列，第二点则使它似乎避开了关于抽象对象的认识论难题，并显得与方法论自然主义相容。

让我们回忆一下本书第一章中介绍过的弗雷格的逻辑主义工作。弗雷格将数与概念相联系，认为一个概念 F 的数可定义为"与概念 F 等数的概念"这个概念的外延，并证明从这个定义和关于外延的一些基本法则可以导出休谟原则，即概念 F 的数等于概念 G 的数当且仅当概念 F 与概念 G 等数。然后，利用休谟原则和其他一些定义（例如，对个体自然数的定义、自然数间的后继关系的定义和自然数的一般概念的定义），弗雷格证明了算术的基本原理。但是罗素悖论表明，弗雷格外延理论的"基本法则五"是自身不一致的，这导致弗雷格的整个计划陷于破产的风险。

针对这个问题，新逻辑主义者注意到，在弗雷格的整个构造中，"基本法则五"只是在证明休谟原则时有实质的运用，而如果假定了休谟原则，算术基本原理的推导本身是不需要弗雷格的外延理论的。因此新逻辑主义者提议，抛弃弗雷格的外延理论，将休谟原则本身作为初始的东西，由它来理解整个算术。这里的重点在于，新逻辑主义者认为这样构筑的算术仍然是分析的，放弃外延理论并不影响算术的分析性、先天性等哲学性质。这是他们与弗雷格不同的地方。我们知道，弗雷格将分析真理理解为那些仅仅由普遍的逻辑法则（及一些定义）就可以证成的真理，亦即逻辑真理，休谟原则及算术原理都是因为能由关于外延的普遍逻辑法则推出，才被弗雷格认为是分析真理和逻辑真理的。新逻辑主义者则试图区分分析真和逻辑真，承认被他们当作初始真理的休谟原则既不是基于形式而为真的逻辑真理，也不是对自然数的定义，但断定它仍然是一种分析真理，是我们"对自然数概念的分析"，可以先天地被认识。或者像赖特所强调的，休谟原则只是在解释基数相等的一般概念，即使关于它是否是分析的有争议，但无法否认的重要一点是，得到休谟原则并不需要任何重大的认识论预设。①

一般认为，新逻辑主义面临着如下一些问题。

第一，弗雷格未满足于休谟原则而试图进一步用外延理论定义数的一个原因是，休谟原则虽然能够决定"概念 F 的数与概念 G 的数等同"这样的同一性陈述的真值，但却不能决定像"概念 F 的数与恺撒等同"这样的同一性陈述的真值。这就是所谓的"恺撒问题"，对它做出适当的回应是新逻辑主义者的一个任务。

第二，休谟原则是从等价关系过渡到对象间的等同的一种抽象，它的右边（概念 F 与概念 G 等数）给出了左边（概念 F 的数等于概念 G 的数）为真的条件，而左边则具有指称或承诺对象的语法形式。像这样的抽象原则还有很多，比如，"基本法则五"断言，概念 F 的外延与概念 G 的外延相等当且仅当概念 F 与概念 G 适用于相同的对象，这实际上就是和休谟原则类似的一个抽象原则。但我们已经说过，"基本法则五"是自身不一致的，

---

① 见 Wright（1997）。

这就带来一个问题：如何一般性地区分好的抽象原则与坏的抽象原则呢？这就是关于抽象原则的所谓"良莠不齐"问题，它主要归功于布洛斯。①

第三，从休谟原则出发推导算术依赖于二阶逻辑，但关于二阶逻辑的认识论地位是很有争议的。新逻辑主义要论证算术是分析的，就必须先保证二阶逻辑——它的公理和规则，是分析的。但有些哲学家如 Quine（1986）指出，二阶逻辑根本不是逻辑，它实际上已经隐含了大量的数学，是伪装的集合论。

第四，新逻辑主义将数学建立于休谟原则之类的抽象原则上的计划，目前只是在基本算术领域得到了实施，但算术只是经典数学的一小部分。新逻辑主义的处理方法能否有效地扩展到其他数学领域，如分析、代数、集合论等领域，还是一个情况很不明朗的议题。

除了以上几点已经为学界所熟知的困难，笔者认为还可以从自然主义立场出发对新逻辑主义做出一些特殊的批评。我们注意到，新逻辑主义者一方面认为自然数是客观存在的抽象对象，另一方面又辩称我们对它们的认识无须假定任何与它们的现实接触。②他们断言，我们的算术知识源自对自然数概念的分析，是先天的可获得的分析知识。如果新逻辑主义的想法成立，那么好处当然是明显的，它既允许我们字面地理解算术陈述，又似乎能规避贝纳塞拉夫问题。然而，事实真的这样美好吗？

实际上，一个简单的思考就能引发对新逻辑主义的想法的严重怀疑。自康德以来，哲学家就逐渐有了一个普遍的共识，那就是对象的存在性不能由对概念的分析得到，比如，不能由上帝的概念推出上帝的存在。但很明显的是，算术中充满了存在性断言，它们如何能源自"对自然数概念的分析"，这是一个让人困惑的问题。

考虑一下休谟原则。我们看到，它的左边以单称表达式的方式承诺了"概念的数"这种抽象对象的存在。这就是说，任给一个概念，都有一个抽

象对象与它相对应，比如，由"与自身不等同"这个概念可以得到属于它的数 0 的存在。新逻辑主义者可能会说，自然数的存在是被预设的，对自然数概念的分析只是在这个预设的前提下提供关于自然数的非存在性的知识，即数与数之间的同一性标准，而存在性本身不是源自概念分析的。但这会留下两个问题：首先，从弗雷格和新逻辑主义者对个体自然数的定义我们不难发现，休谟原则蕴含了无穷多个对象的存在。例如，作为概念"与自身不等同"的数的 0，作为概念"等于 0"的数的 1，作为概念"等于 0 或 1"的数的 2，等等。问题是，自然数的这种无穷性是被预设的，还是通过对自然数概念的分析得到的呢？无论是预设自然数有无穷多，还是认为单从自然数的概念就能分析出自然数有无穷多，都显得很古怪。其次，说自然数的存在是被预设的究竟是什么意思？既然算术知识是分析知识，而自然数的存在性不是由概念分析得到的分析知识，那么我们对自然数存在性的知识又是什么知识？它从何而来？换句话说，我们怎么知道我们的自然数概念不只是我们的想象，而是对应着一些客观存在的对象？

笔者认为，新逻辑主义者将算术知识归于对自然数概念的分析，并没有真正回答关于抽象对象的认识论难题。他们虽通过"分析知识"规避了对抽象对象的认知接触，却假定了一个异常神秘的"自然数的概念"，而这个自然数概念究竟从哪里来、有着怎样的性质，他们并没有解释，尤其是没有给出符合自然主义的解释。仅仅从直觉上看，关于自然数的实在论与关于算术的分析性之间就呈现出一种矛盾：前者强调对象独立于我们的语言、心灵和认知，后者却将真和知识建立在概念或语词的意义上。而如果我们有意识地站在自然主义的角度去审视这个问题，这种矛盾就会变得更加深刻和难以调和。这是因为，自然主义要求尊重现代科学的基本成果和结论，而按照现代科学提供的认知图景，人类认知主体就是自然进化而来的人类大脑，是物理宇宙中的有限的物理实体，人类的认知概念不过是人脑中的神经元结构，所谓"分析知识"或更一般的"先天知识"，也只能从人脑由进化、基因决定的内在结构和后天习得的概念框架的角度进行说明。

在这样的自然主义图景下，我们很难为新逻辑主义者所假定的那种"自然数的概念"找到位置。

我们将新逻辑主义作为数学自主自然主义实在论的一种可能形式进行了介绍，但我们的分析表明，新逻辑主义的自然数概念和分析性概念都是尚未自然化甚至与自然主义不相容的概念。

第二节　关于数学实在论的一个数学
自主自然主义论证

我们前面谈到，伯吉斯和罗森是当代数学唯名论的重要批评者，而他们对唯名论的一个主要批评就是他们从自然主义出发构造的一个反唯名论论证，也就是笔者接下来要探讨的数学-自然主义论证。这个论证不同于蒯因的不可或缺性论证，它不诉诸数学的可应用性而强调数学科学的自主性，它从如下七个前提开始[①]：

（1）标准数学包含大量"存在性定理"，这些定理显得是在断定数学对象的存在，也就是说，仅当这些对象存在时它们才是真的。

（2）专业数学家和科学家在如下意义上接受这些存在性定理：他们不仅在言语上无保留地表达对它们的同意，还在理论和实践活动中依赖它们。

（3）存在性定理不仅事实上被数学家所接受，还在符合数学标准（mathematical standards）的意义上是可接受的。

（4）存在性定理确实断定它们看起来断定的东西。

（5）在（2）中所说意义上接受一个断言就表示相信该断言所说的东西，相信它是真的。

（6）存在性定理不仅根据数学标准是可接受的，根据更一般的科

---

① 这些表述在作者原始表述的基础上做了一定简省，原表述见 Rosen 和 Burgess（2005, pp. 516-517）。

学标准（scientific standards）也是可接受的，没有经验科学的论证拒斥标准数学定理。

（7）不存在这样的哲学论证，其力量足以推翻数学和科学的可接受性标准或凌驾于其上。

伯吉斯和罗森认为，由（1）（2）（4）（5）可以推出一个过渡性结论：

（8）有能力的数学家和科学家相信存在大于 1000 的素数、秩不同的抽象群、各种数学物理方程的解等。因此如果唯名论是真的，专家的意见就是系统性错误的。

由（8）和（3）（6）（7）一起则能推出最终的实在论或反唯名论结论：

（9）我们有很强的理由相信素数等数学对象的存在，从而有很强的理由不相信唯名论。

伯吉斯和罗森指出，这里的前提（1）（2）（3）被认为是哲学家普遍接受的，无论实在论者还是唯名论者，而（4）（5）（6）（7）则可能会被某些唯名论者挑战。根据其所挑战的前提的不同，唯名论者可以被划分为不同的类型。但正如笔者先前声明的，我们在这里不会进入对各种唯名论类型的烦琐讨论，而是绕开那些无关宏旨的细节，直接探究这个论证的可靠性和它背后所隐藏的自然主义观念。

笔者认为，伯吉斯和罗森的这个论证有一个致命的缺陷，它最为显著地表现在那个居间结论（8）中。（8）断言如果唯名论是真的，专业数学家和科学家就是系统性错误的，也就是说，专业数学家和科学家都是数学反唯名论者或数学实在论者。但这恐怕与事实并不完全相符。数学家和科学家在他们的数学与科学工作中，确实在言语上不断断定着自然数、函数之类的数学对象的存在，但他们往往没有意识到他们是在断定一些抽象的、独立于心灵和物理时空的东西客观存在。换句话说，他们确实断定大于 1000 的素数、秩为 2 的抽象群、希尔伯特空间等存在，但并没有断定它们是实在论者所说的那种抽象对象。实际上，对于数学对象究竟是什么、具有怎样的本体论性质，他们往往很少真正认真思考过，除非这个数学家或科学家同时是个哲学家，或至少读过一些数学哲学的著作。数学家和经验科学家在他们的本职工作中所关心的，不过是数学对象的数学性质和它们在经验理论中的可应用前景，而关于数学对象的形而上学问题，通常并不在他们的思考范围内。即使当他们接触了一些哲学的熏染并开始思考数学本体论问题时，他们也往往会表现出对抽象对象的狐疑，而非毫无疑虑地成为一个柏拉图主义者。比如典型地，他们常常把数学称为一门"形式科学"，甚至是"心灵的自由创造"，等等。在这里，问题的关键在于实践中的数学家和科学家对待抽象对象的实际态度究竟是怎样的。要确切地回答这个问题，可能不得不依赖于大型的社会调查。但从我们有限的经验和历史上一些著名数学家的公开言论（例如高斯针对实无穷的著名论断）来看，数学家和科学家显然至少不是像伯吉斯与罗森所暗示的那样一边倒地持有关于数学的实在论态度。下面，我们用一个具体而生动的例子来说明这一点。

鲁本·赫什（Reuben Hersh）是美国新墨西哥大学的一位数学荣休教授，其专业研究领域为偏微分方程。作为一名正常工作的数学家，他原本像他的同行一样在自己的领域里做着高度专门化的数学研究，所使用的方法和技术也是他自学生时代以来习得的那些数学内容。然而，在其职业生涯的某个时期，因为讲授一门名为"数学基础"的课程，赫什开始着迷于思考数学这项奇怪的人类活动的目的和意义的哲学问题。用他自己的话说就是，他不再仅仅"做数学"，还试图去"谈论数学"。但令赫什感到困扰的是，很快他就发现，他没有关于何谓数学知识和数学实在的确定意见，而当他就这些问题与其他数学同行沟通的时候，他发现自己的处境是十分典型的：同行也没有关于这些问题的确定意见（Hersh，2014，pp. 1-3）。

笔者认为，赫什的上述经历具有代表性，它生动地表明：职业数学家通常是没有对数学哲学问题的清楚意识的，而当他们意识到关于数学的哲学问题时，他们通常也给不出一个自己确信的答案，绝非像伯吉斯和罗森所预设的那样他们都是数学实在论者。

不过，这里的故事还没有结束，因为这位觉醒了的数学家赫什并没有满足于那种不确定的尴尬处境，安心做一名正常且颇有建树的偏微分方程专家，而是开始围绕数学哲学的问题进行大量的阅读、思考和研究，力图得到一个能令自己满意的答案。因此我们不禁要问，赫什最终的结论是什么？他最后是否变成了一名数学实在论者？如果答案是肯定的，那他就有可能在相对弱化的意义上仍然支持伯吉斯和罗森的论断，因为那似乎意味着专业数学家在适当的哲学探究后会倾向于数学实在论立场。要回答这个问题，我们只需看一下 Hersh（2014）开篇的宣言部分，在这里赫什列出了他的数学哲学探究的几条主要结论（Hersh，2014，p. 13）：

（a）数学不是一个虚构，它是一个实在。

（b）数学的主要构成物不是从作为未定义项组合的无意义语句出发进行的句法推演。数学是有意义、可理解和可交流的。

（c）数学不是在外面，在一个与人类意识或物质世界相分离的抽象领域里。它在这里，在我们的个体心灵和共享的意识里。

（d）一个数学实体就是一个概念、一个共享的思想。

毫无疑问，上述结论中的（a）和（b）确实表现出了数学实在论的倾向，明确地反对关于数学的某种虚构主义和形式主义。但同样清楚的是，（c）和（d）又声明数学实体不是数学柏拉图主义者所宣称的第三领域里的抽象对象，而是心灵中的概念，这明显又是反实在论的。因此，经过一番漫长探究后的赫什，在我们所关心的数学哲学问题上仍然不是一个数学实在论者，至少不是伯吉斯和罗森意义上的数学实在论者，而是陷入了一种矛盾状态。

当然，对于我们以上的反驳，也许伯吉斯和罗森会辩称，他们并不是认为数学家和科学家直接持有关于数学的本体论实在论立场，而是认为他们关于数学的专业意见逻辑上蕴含着这种立场。因为，一方面数学家和科学家确实都相信他们的数学知识是真理，在理论证明和实践应用中依赖于它们，正如数学-自然主义论证的前提（2）和（5）所指明的；另一方面，只要稍稍反思一下就能知道，这些数学真理所断定存在的对象应该是所谓的"抽象对象"。用我们在第一章中介绍的术语说就是，专业数学家和科学家都是关于数学的真值实在论者，从真值实在论很容易导出本体论实在论，而像赫什那样的立场则是自相矛盾的。

但这样一来，唯名论就不再如伯吉斯和罗森一开始宣称的那样是对数学家和科学家的专业意见本身的否定，因为数学家和科学家并非有意识地断定本体论实在论的，而只是没有预见到他们的专业意见的某种可能的逻辑或哲学的后果。相反，唯名论者也只是像伯吉斯和罗森那样认识到了职业数学家和科学家所持有的一些相互冲突的信念，即既认为数学是真理又对抽象对象有直觉上的排斥，并尝试以放弃其中之一的方式解决这个矛盾，获得对数学之本性的更彻底和更融贯的理解。毕竟，如果我们有恰当的理由反对抽象对象，从而否认数学是字面的真理（literal truth），同时又能说明在这种情况下为什么我们还可以在数学和科学实践中像通常所做的那样使用它们，那么还有什么理由让我们坚持实在论立场呢？

这里，我们逐渐触及了数学-自然主义论证的根本重点。这个重点就是，伯吉斯和罗森认为，根据自然主义，我们不可能有反对抽象对象的恰当理由。回到该论证的那些前提，我们发现：一方面，（3）和（6）向我们保证，存在性定理符合数学标准和一般科学标准，因而没有数学或科学的恰当理由反对抽象对象；另一方面，前提（7）告诉我们，没有凌驾于数学和科学标准之上的哲学理由足以使我们反对抽象对象。因此，我们没有理由反对抽象对象。这里清楚地透露出伯吉斯和罗森的自然主义原则：数学和科学标准是最终的证成标准，没有高于或优先于它们的哲学的标准能用以推翻数学-科学标准判定的真理。

伯吉斯和罗森的这一自然主义原则明显与蒯因的自然主义原则有继承关系，但又明显与后者有所区别。由先前的论述我们知道，蒯因的自然主义将科学方法作为最高的证成方法，但在蒯因那里科学方法并不包含纯数学的方法，数学仅就其在经验科学中的应用而言是"科学的"，最终的证据只能是围绕经验科学的那些整体性证据，证成方法只能是经验科学的方法。而在伯吉斯和罗森这里，数学标准是和科学标准并列的证成标准，并且对于数学对象而言，它甚至是更根本、更有力的标准，因为根据（6），数学存在性定理之符合科学标准只是在没有被其拒斥的消极意义上，而根据数学标准，存在性定理是被"证明"了的。事实上，在伯吉斯和罗森看来，科学不仅仅是自然科学，也包括数学科学。他们强调，对于不是哲学家的普通人来说，纯数学不仅是一门科学，还是最典范的科学，是我们在认知事业上的最坚实的成果，绝不应该被驱逐出科学部落之外。像蒯因那样将数学排斥在科学王国之外，意味着"不公正的划分……贬低某些科学部门（数学的），赋予另一些（经验的）部门以特权"（Burgess and Rosen，1997，p. 211）。

伯吉斯和罗森的这样一种立场同时也决定了他们对不可或缺性论证的独特态度。在他们看来，不可或缺性论证"对唯名论做出了一个重大让步，认为只有原则上的（而非实践上的）不可或缺性，并且是对经验（而非数学）科学的不可或缺性，才能拒斥唯名论"（Burgess and Rosen，1997，p. 212），这种让步是一种不恰当的妥协。对于一个彻底的自然主义者来说，"抽象对象对数学（及其他）科学是约定俗成的和方便的这个事实本身就足以保证它们的存在"（Burgess and Rosen，1997，p. 212）。不仅如此，即使忽略数学自身的标准而单从自然科学的标准来说，在伯吉斯和罗森看来，不可或缺性论证也是有缺陷的。因为即使证明了某些唯名化的数学足够自然科学使用，我们也没有放弃抽象对象的理由。唯名论者通常提供的那个理由——经济原则，对于抽象本体论并不适用，因为经验科学家在科学实践中从不考虑抽象对象的经济性，他们总是根据方便性和有效性原则来选择数学假设。事实上，经验科学家对抽象本体论的一般态度是冷漠的（Burgess and Rosen，1997，pp. 213-217）。总之，根据伯吉斯和罗森的彻底自然主义立场，不可或缺性论证是不恰当的和多余的，数学标准本身足以保证数学实在论，而数学标准是自然主义者应该接受的，数学和经验科学一样是自然主义者做出本体论承诺的理论起点。

如同笔者在第三章拒斥整体论时表明的，笔者同意伯吉斯和罗森关于经验科学家对抽象本体论持冷漠态度的看法，因而同意他们对不可或缺性论证方面的负面评价。但关于数学对于自然主义者来说应不应该算作科学，以及即使承认其科学地位是否就能由此得出数学实在论的结论，笔者却有不同的意见。

伯吉斯和罗森将数学算作科学的理由十分简单，那就是常识。毋庸置疑，在常识看来，数学不仅是一个知识部门，而且显然比一般科学和哲学要牢固得多。这一点从大学的学科分类中可以看得很清楚，数学在所有综合性大学里都是作为基础科学被讲授的。如果你对一个非哲学专业的普通本科学生（哪怕他不是数学专业的）说，数学根本不是一门科学，他的反应很可能是睁大眼睛，惊讶地看着你。如果你在数学课堂上当众提出这样的观点，你甚至可能会被认为是脑子出了问题。所有这些都表明，在常识观点中，数学当然是一门科学。

然而，正如我们在前面反对伯吉斯和罗森用专业数学家与科学家的意见来驳斥唯名论一样，笔者也不认为用常识的科学观可以为数学实在论辩护。因为就像专业数学家和科学家虽然几乎一致地认为数学是一种真理，但其中却很少有人是自觉的柏拉图主义者一样，常识虽然把数学认作科学，但没有把它认作关于抽象对象的科学。只需对历史稍稍一瞥就会发现，从古希腊到近代，人们（包括哲学家，如笛卡儿、牛顿、莱布尼茨等）通常将数学看作是对物理世界的一般数量和几何特征的（也许是理想化的）描述，即使在康德那里，数学也被认为是在表达作为感性之先验形式的时间和空间的性质。19世纪和20世纪非欧几何、抽象群论、拓扑学等抽象数学的巨大发展，使人们渐渐抛弃了这种古典的想法，但这也并没有使柏拉图主义成为人们对数学的一种常识观念，相反，常识更多地采取了一种可以泛称为"形式主义"的态度，模糊地将数学称为一门"形式科学"，以将数学与经验科学相区别。事实上，只是当哲学家考虑到本体论承诺这个问题时，抽象对象才开始进入人们的头脑，因为如果在纯数学和经验科学的推导中我们把数学语句当作真语句使用，我们又不想允许一种抽象本体论，那么就必须提供一套语义学，使得数学语句的意义不再依赖于对抽象对象的指称，而如果我们无法提供这样一种语义学，那么似乎就必须接受抽象对象的存在。换句话说，正是因为对抽象对象的不可或缺性的认识，无论是纯数学上的还是经验科学上的不可或缺性，才使人们走向关于数学之本性的柏拉图主义理解。

当然，在蒯因那里，抽象对象的不可或缺性仅仅是针对经验科学而被强调的，广阔的纯数学未在经验科学中得到应用的那些部分受到了不公正的粗暴对待（想想可构成性公理的例子），而伯吉斯和罗森在这里也许只是要强调抽象对象对数学的不可或缺性，而非直接认为常识把数学理解成关于抽象对象的科学。但一旦这样来理解，伯吉斯和罗森的立场就大大削弱了，至少它不能再坚持（8）。它变成这样一种立场：经典数学承诺抽象对象的存在，而经典数学的真理性作为常识和专家意见是不容置疑的，唯名论者如果在保证经典数学真理性的前提下消解经典数学对抽象对象的指称，那么唯名论就是可以接受的。对于这种削弱了的立场，笔者的态度如下：常识及专业数学家和科学家的专家意见确实几乎都认为数学是对真理的认识，是一门严格的科学，这可被称为常识的"真值实在论直觉"，但正如我们一再强调的，常识和专家意见并没有断定数学是关于抽象对象的真理或科学，恰恰相反，对于后者，它们有着一种很强的直觉上的排斥，这后一种直觉可被称为"本体论反实在论直觉"，如我们在赫什的例子中所看到的。而正是这两种直觉的矛盾推动着唯名论者寻求一种对数学的本体论反实在论的理解，如果在坚持本体论反实在论的前提下能维持真值实在论，那固然很好，但如果不能，放弃真值实在论而采取一种强唯名论的立场也并非不可以作为一个可能的选项，因为不能因为真值实在论直觉而彻底剥夺本体论反实在论直觉的权利，关键在于最终能否得到一个关于数学实践的令人满意的说明，特别是与现代科学的认识成果相容的说明，即自然主义的说明。

笔者认为，伯吉斯和罗森完全忽视了常识中关于数学的直觉观点的这种矛盾性和复杂性，简单地假定常识对数学是数学实在论的理解，无论在本体论上还是在真值上。当然，对于反对抽象对象的常识性直觉的忽视也许部分地是可以理解的，因为它作为直觉毕竟是模糊的且与真值实在论直觉相比似乎是弱了一些的。但是，对于与这种常识性直觉不无联系的那个反对抽象对象的认识论论证，伯吉斯和罗森却不可能无视。为了更好地维护他们的实在论立场，他们必须对这个问题做出回应，而事实上，他们也的确做出了一个回应，并且仍然以他们对自然主义的特殊解读为根本基点。下面我们就来考察他们在这方面的议论。

第三节　对认识论难题的一个数学自主自然主义回答

贝纳塞拉夫所提出的关于抽象对象的认识论难题的原初版本是一个简单的三段论：

（1）大前提：某种因果的知识理论，即将认知主体与认知对象之间的某种因果联系作为知识的必要条件。

（2）小前提：我们和抽象对象之间没有任何因果联系。

（3）结论：我们无法具有关于抽象对象的知识。

很明显，这个论证意味着数学反实在论观点，根据其结论，数学即使是知识也不能是关于抽象对象的知识。但这个论证就其本身而言，已经不被数学哲学家看重，因为它的大前提已经很少有人接受。伯吉斯和罗森很好地总结了这一点，亦即因果知识论的悲观处境，概括起来主要有两点：一方面，专业知识论文献中能找到的因果知识论存在很多缺陷，不足以服务于唯名论的目的；另一方面，要在未来得到一个能服务于唯名论目的的、令人满意的、因果的知识理论，必须克服诸多已确认的严重的困难。①

　　但正如伯吉斯和罗森也承认的，因果知识论的失败，无论是暂时的还是永久的，并不意味着关于抽象对象的认识论难题消失了。因为后者并不完全依赖于前者，它的根本精神仅仅在于追问这样一个自然的问题：我们作为时空中的具体的物理存在，如何能够获得关于超时空的、非因果的抽象对象的知识呢？例如，Hart（1977）尖锐地指出了这一点："用哗众取宠的哲学表演掩盖数学认识论的自然化问题是对理智的犯罪。对因果知识论之合理性的肤浅疑虑与这里的问题不相干，反而是误导性的，因为真正的问题不在于关于抽象对象的自然知识的因果性，而在于这种知识的可能性。"

　　不难看出，抛弃因果知识论假设后的认识论难题与其说是一个可以直接得出反实在论结论的论证，不如说是对实在论的一个挑战，正如数学的可应用性给数学唯名论者提出了一个需要解释的难题一样，将数学视为关于抽象对象的知识给实在论者提出了一个需要解释的难题。这也是我们在本节使用"认识论难题"而非"认识论论证"这个名称的原因。改进后的认识论难题，在文献中有很多不同的表述，伯吉斯和罗森则以菲尔德的著名版本②为例对它进行了阐释，并试图论证自然主义可以自然地对它进行回避。

　　菲尔德在阐述他对实在论者的认识论挑战的时候，有意避免使用"知道"这样的术语，而代之以"可靠性"。他要求实在论者解释我们的数学信念的可靠性，解释我们关于数学对象的信念与关于数学对象的真理本身之间的相关性。根据菲尔德的观点，反唯名论者通常接受如下"可靠性论题"：当数学家相信关于数学对象的一个陈述时，那个陈述就是真的。但关于人类信念的事实和关于抽象对象的事实分属两个完全不同的领域：一个是关于我们生活于其中的物理宇宙的，另一个则属于那个柏拉图式的抽象对象的世界，它们之间的相关性不能作为基本事实被接受，而必须以更基本的

---

① 详见 Burgess 和 Rosen（1997，pp. 35-40）。

② 参见 Field（1989）。

东西被予以解释。菲尔德的结论是：如果可靠性论题是真的，那么就必须对它进行解释。但抽象对象的因果惰性似乎阻止了任何解释的可能性，至少菲尔德对这种可能性持强烈的悲观态度。

考虑到数学定理都可以从集合论的公理导出，而菲尔德对逻辑导出关系的可靠性的可解释性或自明性是不加质疑的，所以菲尔德的挑战可以归约为这样一个要求：解释数学家对集合论公理的信念的可靠性。此外，根据伯吉斯和罗森的观点，标准集合论的公理实际上可归结为一条单一的公理，即集合的整个累积层谱存在，因此菲尔德的挑战就变成了这样一个简单的要求，即解释如下合取命题：

> "整个集合层谱存在"被相信并且"整个集合层谱存在"是真的。

我们可以将这个合取式称为"菲尔德合取式"[①]。针对这个合取式，伯吉斯和罗森进行了如下分析：如果某种数学对象存在，那么要求解释它们为什么存在是没有意义的，因为它们不是在时间中通过因果作用产生的，人们不能像解释哺乳动物如何产生一样解释自然数如何产生，所以菲尔德合取式的右支是不需要解释的；而对菲尔德合取式的左支的解释，即标准集合论公理是如何被集合论学家相信的，可以在标准数学史中找到。[②]因此，余下未解释的仅仅是这两个合取支之间的联结，或者说它们的并存现象。而如果对此不加解释，则似乎就意味着，仅仅是出于偶然或运气，我们所相信的理论恰恰是真的理论。虽然菲尔德自己声称他的上述挑战并非针对我们证成数学信念的能力的，但伯吉斯和罗森认为，其潜台词只能是：如果我们不能对可靠性论题或者说菲尔德合取式的左支和右支之间的联系做出一个合理的解释，那么我们对数学或者说标准集合论的持续信念就是未证成的（Burgess and Rosen，1997，p. 46）。

---

　①　注意，菲尔德自己并没有使用这个合取式，它是伯吉斯和罗森对菲尔德的原初表述进行归约得到的，详见 Burgess 和 Rosen（1997，pp. 41-45）。

　②　关于集合论公理的证成问题可以参照本书第五章中的一些相关讨论，在那里我们会介绍和分析麦蒂对这个问题的一些研究。

对于被如此解读的菲尔德的挑战，伯吉斯和罗森回应道，作为复杂历史过程产物的标准集合论与其他科学理论如广义相对论一样，其最终赢得人们的接受确实包含着偶然和运气的成分，但这不是它需要进一步证成的理由。事实上，按照人们对科学方法的通常说明，简单性被包括在科学标准中，但简单性只能是有着特定能力和历史的人类这种生物所感觉到的简单性，可是有人会要求彻底解释为什么宇宙的真相恰好与我们对简单性的感觉有一种预定的和谐吗？伯吉斯和罗森认为，至少对于自然主义者来说，这种要求是不合理的。他们强调，菲尔德的挑战实际上意味着如下疑问：假如根据科学（包括数学）标准，我们对标准集合论的信念是证成了的，那么我们对标准集合论的真理性的信念就是证成了的吗？但这样的疑问明显意味着要求某种超出常识和科学证成方法之外的更高的证成，意味着要求为常识和科学的方法提供某种哲学的基础，而这些要求恰恰是自然化的认识论所拒斥的东西。这样，至少对于视数学为一个正当的科学分支的彻底的自然主义者来说，菲尔德合取式不构成任何挑战，不存在所谓的"认识论难题"。

笔者认为，伯吉斯和罗森对菲尔德式的认识论难题的上述回应基于如下两个关键预设：

（1）认识论挑战本质上是要求对数学信念做超出数学方法本身的进一步的证成。

（2）数学是一门和自然科学享有同等地位的独立的科学。

对于预设（2），笔者在本章第二节已经做了批驳，指出常识和专家意见虽然习惯性地把数学称为"科学"甚至"典范的科学"，但关于它的哲学性质却有着很模糊和矛盾的看法，至少一般大众很少有人断然认为数学是关于抽象对象的科学。重要的不是用词或称呼上的无聊争论，而是搞清楚数学作为一项人类活动究竟是否是对某种独立于心灵而又不在时空和因果关系中客观存在的抽象对象的认识活动，如果不是，它在经验科学应用中又扮演了怎样的认知功能，等等。

但即使抛开对预设（2）的意见，预设（1）本身在笔者看来也是有问题的。这从菲尔德自己不把他所阐述的认识论挑战看作是对我们证成数学信念的能力的挑战这一事实已可见端倪。但笔者在这里不关心菲尔德自己对认识论难题的理解究竟是什么样的，而是直接指出，在自然主义前提下，抽象对象会面临何种意义上的认识论挑战，从而表明伯吉斯和罗森彻底自然主义立场下的数学实在论并不能够避免认识论难题。

在本书第二章我们曾简单介绍何谓"自然化的认识论"。与传统的第一哲学的异化的认识论不同，自然化认识论的任务不再是证成科学方法，而是作为"心理学的一章"，描述我们人类实际上是如何获得科学理论的，说明为什么科学方法能为我们提供关于世界的知识。这里的"人类"不是某种先验自我或形而上的主体，而是作为自然进化之产物并由生理学、神经科学、心理学、社会学、语言学等所描述的一种智能生物；这里的"世界"也不是第一哲学里谈到的那种与形而上的主体相对立的超越的实在或"外部世界"，而是我们所生活于其中的，由物理学、化学等自然科学所描述的事物的总和。例如，知觉观察在物理学中是基本的证成方法之一，自然化的认识论不能要求对这种方法做进一步的证成[①]，但这不表示我们不能对人类的知觉机制进行探究和描述，从而说明知觉如何能把握环境中的事物并使大脑形成关于它们的概念表征和知识。这种经验心理学式的研究是站在科学内部、利用科学方法和已有的科学成果对人类的实际认知机制与过程进行描述及说明的，而不是站在科学之外对科学方法做更高的证成。在关于心理学和认知科学的浩瀚文献中，我们很容易能找到描述人类的各种知觉活动的充满细节的理论。比如，视觉理论告诉我们，物体所发出的光子如何进入人的眼睛并刺激视网膜形成神经冲动，神经冲动如何传至大脑的某个分区被处理成视觉表象，视觉表象又如何唤起大脑中的一些特定的概念表征，并最后导致大脑产生某种信念。这样的探究和描述就是自然化的认识论的典范成分，它显然不能作为对知觉证成方法的进一步证成，因为它本身是通过复杂的观察实验和假设-演绎方法得到的，但它无疑有助于回

---

① 注意，这并不意味着知觉是不可错的。

答自然化认识论给自己提出的那个心理学的问题，即我们人类这种动物实际上是如何达到对周围事物的认识的。

现在，如果我们把数学当作关于抽象对象的科学来看，那么我们就有权利针对数学提出类似的问题：人类是如何达到这种认识的？数学方法如何能够给我们提供关于抽象对象的知识？忽略逻辑导出关系，对数学的认识可以归结为对集合论公理，如空集存在公理、对集公理、无穷公理等的认识。因此问题就归结为：人类是如何达到对集合论公理的认识的？

抛开其他方面不谈，对于上面这个问题，伯吉斯和罗森应该不会反对的一点是，我们证成公理的基本方法之一就是通过数学直觉。这是因为，定理不能再反过来证成公理，而伯吉斯和罗森又不能像蒯因那样将数学公理的证成建立在数学在经验科学中的应用上。况且，援引数学直觉作为对数学公理的证成在常识和专业数学家那里也是通行的做法，对于一向注重后者的伯吉斯和罗森而言，它便是十分自然的选项。然而，一旦走到这一步，对于自然化的认识论学家而言，紧接下来还有一个十分自然的问题：人类的数学直觉能力的活动机制是怎样的？它如何能通达抽象对象世界？或者说，它是如何产生与抽象对象的世界相关的概念和信念的？在我们的心理学中，有着关于视觉、听觉等知觉官能的丰富的理论，以描述我们对物理对象的知觉机制。本着同样的精神，要求一种与知觉理论类似的关于直觉的心理学理论，来说明我们对抽象对象的直觉认识机制难道不是合情合理的吗？然而，考虑到抽象对象的抽象性，自然化认识论的这种要求似乎很难被满足，而笔者认为这正是数学实在论者所面临的认识论难题之关键所在，它成为难题甚至在一定程度上不以是否接受自然主义为转移，因为即使是一个反自然主义者，也必须提供对数学直觉的一套形而上学说明，而不能仅仅满足于神秘地假定和谈论它。

伯吉斯和罗森认为，既然自然主义拒绝对科学方法的进一步证成，那么只要把数学也包括在科学部落中从而与自然科学一起作为哲学的起点，数学实在论就不再需要回应从贝纳塞拉夫那里传承下来的认识论挑战。但我们在上面的分析表明，在不以证成为基本任务的自然化的认识论视野下，也可以针对伯吉斯和罗森版本的数学实在论提出一个有意义的难题。这个难题不是要求证成数学方法（如数学直觉），而是要求描述人类的数学认知活动的具体工作原理和机制，并说明它如何可能与抽象对象相关联，正如在视觉理论中，我们描述知觉信念的形成过程、说明它们如何与物体相关联一样。换句话说，这个自然化版本的认识论难题是一个纯正的心理学问题，回答它依赖于对大脑的工作机制进行深入的经验探究。它成为难题，原则上还是因为抽象对象的抽象性，即它们不处在时空和因果关系中，这种抽象性使得说明大脑的数学方面的心理活动如何与它们相关成为看起来难以解决的问题。可是如果不能解决这个难题，数学实在论就只能是关于数学之本性的极不完满的哲学玄想，正如不解决数学可应用性难题，数学唯名论就不完满一样。

需要注意的一点是，我们对伯吉斯和罗森的以上批评并不依赖于如下前提：在解释数学公理的证成方法上，他们只能援引数学直觉。要点仅仅在于，自然化的认识论要求对人类这种动物何以能用他们所使用的那些数学方法获得对数学对象的认识这个问题做出心理学或认知科学的说明，而伯吉斯和罗森将这个心理学问题混同于关于集合论公理的证成问题。只是为了方便解释和论证，我们才用数学直觉作为一个例子，并且如我们指出的，数学直觉的认知假设对于伯吉斯和罗森而言是明显可接受的。另外还应当指出的是，与伯吉斯和罗森的数学自主自然主义实在论不同，蒯因通过整体论达到的间接的数学实在论在一定程度上可以回避上述认识论难题。因为按照我们在第三章阐明的，蒯因的整体论数学哲学将数学对象视为类似于原子、电子之类的理论实体，是在经验科学活动中被假设并被经验确证的东西，特别地，数学直觉在这里完全没有地位，数学公理通过假设-演绎方法由经验观察间接地确证。但是，一方面我们在第三章对整体论已经进行了反驳；另一方面，我们在第六章还会进一步指出，从自然化的认识论看，整体论的这种优越性实际上是一种幻觉，蒯因式的整体论并不是一个完全与自然主义协调的概念。

第五章

折中立场：数学本体论问题是否不可解

　　在本书第三、第四章，我们分别介绍了自然主义通向数学实在论的两条道路，即实用主义道路和数学自主自然主义道路，并表达了对它们的批评意见。比较自然的一种做法是，接着评述那些与它们对立的观点，即数学唯名论的观点，而把对折中性立场的考察放在最后，尤其是当折中立场自称是对前两种极端立场的扬弃和超越的时候。但是，本书不是对各种自然主义数学哲学的中立性评论，笔者有自己的倾向和偏爱的立场，即数学唯名论立场，因此笔者选择将唯名论放在最后考量，而把折中性立场拿到本章来探讨。

　　这里所谓的"折中立场"，是指这样一种关于数学本体论的观点，它主张数学本体论问题在一种深刻的意义上是不可解的，或者说，我们无法找到令人满意的理由来支持关于数学对象的实在论观点和反实在论观点中的任何一个而不支持另一个。很明显，它首先是关于我们的认知能力的一个论断，断言我们无法最终回答关于数学的本体论问题，但有些时候它也被表述成更强的形而上学论断，直接否认本体论问题本身的有意义性，或者说，否认存在关于抽象对象是否存在的事实。

　　在围绕实在论与反实在论的当代争论中，这样的立场应该说是极为特别的，甚至有些怪异，但它却并非鲜有拥护者。尤其是最近 20 年来，颇有一些有影响的数学哲学家走向或接近走向了这样一种立场，其中最具代表性的就是本章将专门予以讨论的巴拉格尔（Balaguer，1998）和麦蒂（Maddy，2011）。巴拉格尔和麦蒂都认为存在某种特定形式的实在论和反实在论可以同等程度地得到辩护，不存在能够判定它们孰真孰假的事实，因而主张取消关于数学的本体论研究。但是在论证思路和其他一些细节上，二者又有很大的不同。特别地，巴拉格尔在阐述自己的立场时并没有特意强调自然主义，虽然他实际上并不反对自然主义；而麦蒂则将自己的观点与自然主义原则紧密结合，强调的是在自然主义下本体论问题不可解。考虑到这一点和本书的主题，笔者在本章将把较多的篇幅留给对麦蒂思想的讨论，而相对简略地阐述巴拉格尔的观点。

　　巴拉格尔考察了各种形式的数学实在论和反实在论观点，认为恰好有一种版本的实在论和一种版本的反实在论在经历了所有反驳后能幸存下来，它们就是全面柏拉图主义和虚构主义（巴拉格尔版本）。特别地，巴拉格尔强调，全面柏拉图主义能够成功地应对实在论所面临的一个主要难题，即认识论难题，而虚构主义也能处理困扰反实在论的一个核心现象，即数学在经验科学中的不可或缺性现象。巴拉格尔断言，对于全面柏拉图主义和虚构主义这两种观点，我们没有任何好的理由赞成其中的一种而不赞成另一种，它们都是对我们的数学实践的令人满意的说明。

　　在本章第一节，我们将对巴拉格尔的上述论点进行介绍和分析。我们将表明，全面柏拉图主义本身是一个很有问题的立场，它在本体论上的极大化严重威胁了实在论的真值维度，甚至几乎可以说是真值反实在论的，并且它也不能真正打消关于数学柏拉图主义的认识论疑虑。类似地，虚构主义也尚未能如巴拉格尔所认为的那样圆满回答关于数学的可应用性问题。因此，无论是全面柏拉图主义还是虚构主义，都不是关于数学实践的令人满意的说明。并且一旦我们成功反驳了全面柏拉图主义和虚构主义，也就同时拒斥了巴拉格尔关于本体论问题不可解的论题，因为后者在很大程度上依赖于巴拉格尔对全面柏拉图主义和虚构主义的特殊观点与分析。

　　麦蒂是蒯因之后自然主义思想的主要阐述者和践行者之一，在当今数学哲学界有很大的影响。她的具体哲学观点经历过很大的变化，虽然从其职业生涯的早期她就已经倾向于自然主义。她最初的数学哲学立场是所谓的集合论实在主义，按照她自己的说法，它是哥德尔的厚实在论的一个自然主义变种，试图通过吸收蒯因的自然主义要素，在保存哥德尔的原初版本的优点的同时避免其缺点。具体的做法是，首先借助不可或缺性论证保证抽象对象的存在性，然后将关于这些对象具体性质的认识交给纯数学方法，而后者中最基本的就是人类的数学知觉官能。我们知道，哥德尔的数学哲学十分强调人类对数学对象的数学直觉能力，这种能力与我们对物理对象的感官知觉能力类似，在数学认识活动中起到关键的作用，但作为通向时空之外的抽象对象的认知通道，它显得有些神秘。麦蒂的集合论实在主义则试图将哥德尔的数学知觉概念自然化，通过援引一些心理学、认知科学的成果，麦蒂试图表明，每当我们知觉到若干个对象时，我们同时也知觉到它们的集合，在这种意义上，集合也在时空中，在其成员所在的地方。这里我们不拟对麦蒂的这种自然化的集合论实在主义做更多介绍，因为它很快就为麦蒂自己所抛弃，我们更关心麦蒂后期的更为成熟的自然主义数学哲学，也就是她在放弃了对不可或缺性论证的信念之后的观点，它们在麦蒂的三部专著中得到了系统的阐述，分别是：《数学中的自然主义》（Maddy，1997）、《第二哲学：一种自然主义方法》（Maddy，2007）、《为公理辩护：论集合论的哲学基础》（Maddy，2011）。

与其他后蒯因自然主义者一样，麦蒂的自然主义也直接继承自蒯因。但正如麦蒂自己所坦白的，源自哥德尔和维特根斯坦的一些重要观念被吸收进来了，这些新因素使麦蒂的自然主义有了自己的特点。来自哥德尔的因素是对数学在方法论上的自主性的强调，也就是麦蒂所谓的"数学自然主义"论题。这个论题很可能是麦蒂最常被人引用的观点。但笔者认为，它同时也是麦蒂最常被人误解的观点。在本章第二节笔者将表明，麦蒂对数学自然主义论题的阐述涉嫌对"证成"一词的一种意义混淆的使用或概念偷换。这种术语滥用所导致的一个结果是，很多人想当然地以为麦蒂的数学自然主义意味着数学实在论，从而对她的数学哲学做出了极其错误的解读。而一旦澄清了"证成"这个词在麦蒂那里的特殊用法，她的数学自然主义论题就会变成一种与数学哲学问题无关的东西，特别地，它与蒯因的整体论数学哲学之间将不再有任何实质的冲突。

麦蒂自然主义数学哲学的第二个新因素，即来自维特根斯坦的因素，是一种反形而上学的、消解主义的倾向，也正是在这里我们遇到了麦蒂与巴拉格尔类似的一种本体论立场。她给出了关于数学的两种对立的哲学理解，即薄实在论和非实在论，并论证说它们在第二哲学家看来是对数学实践的同等准确的描述。在此基础上，她进而宣称数学本体论问题是没有意义的，建议哲学家放弃对这个问题的追求，转向对所谓的"数学深度"的更有意义的研究。笔者不同意麦蒂的这一立场。在本章第三节，笔者将表明，与巴拉格尔的情况相似，麦蒂的薄实在论是一种自身不一致的立场，并且它不能真正回答认识论问题，而麦蒂的非实在论，也未能彻底回应可应用性问题的挑战。

第一节　巴拉格尔的全面柏拉图主义和虚构主义

巴拉格尔（2015）将自己关于抽象对象问题的观点总结为三个结论：

（1）弱认识结论：我们没有任何令人满意的理由在数学柏拉图主义和反柏拉图主义之间做出选择。也就是说，我们没有任何令人满意的论证支持或反对抽象数学对象存在。

（2）强认识结论：我们永远也不会有一个能够判定关于数学对象存在性争论的令人信服的论证。

（3）形而上学结论：不存在关于抽象对象是否存在的事实。

巴拉格尔的这些结论依赖于他对两种特定的数学哲学——全面柏拉图主义和虚构主义的分析与看法，下面我们将分别对它们进行探讨。

根据巴拉格尔的定义，全面柏拉图主义是这样一种数学本体论观点，它断定所有逻辑上可能的数学对象实际上都存在。它与传统柏拉图主义，如弗雷格、哥德尔和蒯因的柏拉图主义的根本区别在于，传统柏拉图主义是非充分的（non-plenitudinous），只承认某些种类的数学对象存在，而全面柏拉图主义则是充分的，认为数学实在领域包含了所有逻辑上可能的数学对象。巴拉格尔认为，全面柏拉图主义是唯一可辩护的柏拉图主义，可以成功应对传统柏拉图主义无法应对的所有难题或挑战。

我们在这里不关心巴拉格尔是如何批评传统柏拉图主义的，我们只考察他为全面柏拉图主义本身所做的辩护，即它如何回应对柏拉图主义的那些挑战。巴拉格尔指出，柏拉图主义面临的主要反驳有两个，即认识论反驳和非唯一性反驳,它们都可追溯至贝纳塞拉夫。①其中,非唯一性反驳又称"多重还原反驳",它的大意是说,柏拉图主义暗示我们的数学理论描述了唯一的对象集,但实际情况却并非如此。比如,皮亚诺算术可以被解释成是关于任意 ω 序列的,在集合论中自然数有多种可选的还原方式,等等,这就说明柏拉图主义是错的。巴拉格尔回应这一反驳的方式非常简单,那就是接受非唯一性,但拒绝因此放弃柏拉图主义。他认为,对于柏拉图主义来说,重要的只是抽象对象存在并被数学描述,柏拉图主义无须坚持数学理论描述了唯一的对象集,并且对于他个人所主张的全面柏拉图主义来说,非唯一性是十分自然的事情。我们这里不打算对全面柏拉图主义回应非唯一性反驳的方式做任何批评,而仅仅提醒读者注意这个事实,全面柏拉图主义接受数学在描述对象上的非唯一性,并在后文评价全面柏拉图主义时利用这一点。

至于认识论反驳,情况则不同。巴拉格尔认为,全面柏拉图主义可以正面回答这个反驳,即说明我们是如何获得关于抽象对象的知识的,但笔者认为他的说明忽视了认识论难题的一些重要方面。回忆认识论反驳的内容,它强调的是这样一个分裂的事实:我们人类是完全生活在时空和因果关系中的动物,而抽象对象如果存在,也必定不在时空和因果关系之中,因此我们无法获得对抽象对象的知识,或者说,至少需要对我们如何能够获得关于它们的知识做出一个解释。巴拉格尔指出,认识论反驳的重点在于强调我们与抽象对象之间缺乏信息通道,而柏拉图主义回应它的方式可以分为三种:断定实际上存在一种通道(如哥德尔式的数学直觉),将数学对象置于时空中从而否认上述分裂(如麦蒂早期的集合论实在主义),以及提供一种无接触的认识论(no-contact epistemology)。巴拉格尔认为,前两种方案都不成功,只有第三种方案拥有成功的希望。但关于数学的无接触的认识论已经有很多,如整体论、新逻辑主义、结构主义等,它们哪一个才是真的呢?巴拉格尔论辩说,出于种种原因,它们都不能令人满意。比

---

① 见 Benacerraf(1965,1973)。

如，结构主义者主张公理系统提供了对结构的隐定义，因此人类无须与抽象的数学结构发生信息联系，就能认识这些结构，但结构主义者没有说明的一点是，我们如何能够知道可精确表达的无数公理系统中的哪些挑选出了存在于数学世界中的结构、哪些没有。[①]

由此巴拉格尔断定，只有基于全面柏拉图主义的无接触的认识论，才能真正回答关于抽象对象的认识论问题，而这一认识论的内容可以简要总结如下：全面柏拉图主义主张所有逻辑上可能的数学对象实际上都存在，因此任何一致的纯数学理论都真实地描述了数学世界的一部分。要获得关于数学对象的知识，实际上只需要获得对某个纯数学理论的一致性的知识，而后者并不要求我们与理论的对象发生任何联系。这样，认识论难题就被解决了。

笔者认为，巴拉格尔的全面柏拉图主义和由它得到的认识论有以下几方面的问题。

首先，全面柏拉图主义会失去传统柏拉图主义的一些核心优点，以至于它到底算不算是一种柏拉图主义，本身很让人怀疑。全面柏拉图主义断言所有逻辑上可能的数学对象都存在。无论"逻辑上可能"究竟指什么意思，但可以确定的是，按照巴拉格尔的说法，任何一致的纯数学理论都对应着一种数学实在。比如考虑集合论的情况，全面柏拉图主义意味着，ZFC、ZFC+CH 和 ZFC + ¬CH 等理论，都对应着数学领域的一部分。然而这似乎就表示，一个集合论语句，如连续统假设，可以既是真的又是假的，并没有一个唯一的集合宇宙使得 CH 绝对地为真或为假。可是这就使全面柏拉图主义成为一种真值反实在论的观点，因为后者断定的正是我们的数学语句具有唯一确定的客观真值。如果这一点成立，那么它对全面柏拉图主义的打击无疑将是巨大的，因为数学柏拉图主义对人们的最大吸引力，就在于它能为真值实在论提供基础。比如，哥德尔、伯吉斯甚至蒯因等都是由对数学真值上的客观性信念走向本体论的柏拉图主义立场的，而在本

---

① 巴拉格尔对结构主义和其他几种柏拉图主义认识论的批评详见 Balaguer（1998），第 2 章。

书第四章，笔者也曾指出，人们对数学在真值上的客观性具有一种很强的直觉。如果全面柏拉图主义不能维持数学语句在真值上的客观性，即使它能如其宣称的完美地回答关于抽象对象的认识论问题，我们也仍然不禁要问，它作为一种柏拉图主义立场又有什么意义呢？

巴拉格尔自己也注意到了这个疑难，并试图诉诸人类心灵中蕴含的直观的数学概念来部分地回应它。他指出，我们在从事数学研究时，心中实际上有特定种类的数学对象，那就是与特定的数学分支的完整概念（full conception）相符合的那些对象。比如，在算术研究中，我们心中想到的是由自然数的完整概念挑选出的那些对象；在集合论研究中，我们心中想到的是由集合宇宙的完整概念挑选出的那些对象，等等。也就是说，我们的数学理论有它们特定的意图对象（intended objects），这些对象就是我们的数学理论讨论的对象。从这样的观点出发，我们可以得到关于数学语句的某种绝对真的概念。比如，一个集合论语句是绝对真的，当且仅当它在符合我们关于集合的完整概念的数学世界的所有部分中是真的，亦即在所有的意图模型中是真的。但是，正如巴拉格尔承认的，我们直观的数学概念并不能唯一地确定出数学世界的一部分，这也是非唯一性论证向我们表明的，因此二值原则最终仍然是失效的。特别地，我们大概会认为集合论的常用公理是绝对真的，因为我们一般认为它们表达了我们心中的集合概念，但连续统假设就可能没有确定的真值，因为它和它的否定很可能都与我们的集合概念相容。

巴拉格尔关于数学语句的上述"绝对真"概念，并不能打消笔者前面给出的批评意见。因为一方面他最终也未能保持二值原则；另一方面，他给出的绝对真的真值条件，不是来自数学对象本身的事实，而是决定于关于人类心灵的事实，即人类心灵中潜藏的数学概念究竟是怎样的这个事实。传统柏拉图主义的重要动机，即关于数学语句的真值实在论，在全面柏拉图主义这里无法被维持，这就很难让人相信，它还是一种令人满意的柏拉图主义的数学哲学。

全面柏拉图主义的另一个严重问题是，它并不能如其声称的圆满地解决认识论难题。它将关于抽象的数学对象的知识归结为对公理系统一致性的知识，以此避免与抽象对象发生实质联系。但问题是，如果我们在数学研究中实际所做的仅仅是认识到我们的数学理论是一致的，我们又如何能确定，这个一致的理论确实描述了一个数学实在领域的一部分，是关于一些抽象对象的真理，而不仅仅是一个无实在意义的、单纯语法上一致的语句集呢？

从自然主义的认知图景看，这个问题会变得更清楚。正如笔者在反驳逻辑主义和伯吉斯的彻底自然主义认识论时已经部分指出的，自然化的认识论难题不是单纯的证成问题，而是一个复杂的心理学问题。它要求说明我们人类这种通过自然进化产生的物理生物，如何能够拥有一些与抽象对象相关联的概念和信念。换句话说，我们如何能够知道，我们大脑中的数学概念和数学信念作为此岸的、时空中的事物，不只是大脑的想象的编织物，而是客观地表征一种超时空的实在？传统的柏拉图主义者或许还有理由不满足于对数学的反实在论的理解，因为他们要拯救数学语句在真值上的客观性或唯一确定性，但对于全面柏拉图主义者来说，我们已经看到，真值实在论本来就是被抛弃了的。所以，对于全面柏拉图主义者来说，将大脑此岸的神经元活动与彼岸的抽象对象相关联，不仅带来了一个难以解释的谜，而且缺乏自然的动机。

巴拉格尔似乎也意识到了他的基于全面柏拉图主义的认识论可能会遭到如上的反驳。但他论辩说，要求柏拉图主义者说明人类如何知道确实存在抽象对象是一种不合理的怀疑论的要求，我们能从柏拉图主义者那里合法地要求的一切，就是在假定抽象对象存在的前提下说明人类如何能认识到关于它们的真理。[①]

确实，正如我们在第二章详细阐明的，自然主义者拒绝对外部物理世界做笛卡儿式的怀疑。在自然主义图景下，传统的内部世界与外部物理世

---

① 详见 Balaguer（1998），第 3 章。

界的区分甚至没有意义。但问题是，自然主义在物理对象上对怀疑论的这种摈弃，可以被自然地推广到抽象对象上吗？笔者认为不能。从自然主义的图景看，物理世界中的一个大脑产生一些与物理对象相关的概念和信念，这是比较容易理解的，因为大脑与物理对象之间有因果的联系。比如，我们头脑中的概念"苹果"与苹果相关，这很好理解，因为我们习得概念"苹果"的过程就包含了我们与苹果之间的因果互动，如看到一个苹果、吃一个苹果等。但抽象对象与人类大脑之间没有这种因果联系，将大脑中的数学概念看作与抽象对象相关，或者说断定存在一些抽象对象与大脑中的数学概念相应，仍然是一个需要说明的谜。

基于全面柏拉图主义的认识论，除了有以上问题，还有一些具体的困难，这与它将数学知识归结为对公理系统一致性的知识有关。比如，这里的公理系统和一致性概念是指数理逻辑中的形式化概念吗？如果是，那么它本身就预设了一部分数学，而且是超出有穷算术的数学，这似乎就会使全面柏拉图主义变得不那么全面。如果不是，那就需要进一步解释清楚。不仅如此，无论怎样解释这里的一致性，考虑到哥德尔的不完全性定理，总有一些公理系统，对于其一致性我们只能经验地证成，这就会导致一系列关于数学之本性的反直觉的观点。比如，使数学知识失去它传统上享有的先天性、精确性、确定性、必然性等直观性质。当然，鉴于大部分数学哲学或多或少都会带来这样一些结果，这个缺陷也许不是那么重要。

我们已经说过，巴拉格尔虽然认为全面柏拉图主义是一种可辩护的立场，但并没有将它作为自己最终的数学哲学立场，而是宣称还有一种与它在本体论上完全相反的立场同样也是可辩护的，那就是虚构主义。虚构主义数学观的特点是，它在本体论上完全否认抽象的数学对象的存在，但在语义学上又主张字面地理解数学陈述。这意味着，在虚构主义观点下，数学陈述空洞地为真或为假。比如，"7 是素数"是假的，因为它蕴含抽象对象 7 存在，"不存在最大的自然数"是真的，因为由自然数不存在可以推出它。无论真假，重要的是数学语句是空洞的，它意图谈论的那些对象不存在。但是一个明显的事实是，在通常的数学研究中，人们总是在肯定和否定一些语句，并且似乎是以非空洞的方式，比如，人们肯定 7+5=12 而否定 7+5=13。这该如何解释呢？根据虚构主义：7+5=12 是人们普遍接受的自然数故事的一部分，而 7+5=13 不是，正如人们普遍接受的西游记故事中正是孙悟空打死了白骨精，而非猪八戒打死了白骨精。至于为什么人们接受这个特殊的自然数故事而不是别的，虚构主义者的解释是，它更符合人们天然的自然数概念或对自然数的想象，并且在实用性和美学价值上也表现出优良的品质。

巴拉格尔宣称，与反实在论的其他形式如约定主义、形式主义、模态主义唯名论等不同，虚构主义是唯一真正站得住脚的反实在论版本，特别地，它能够回答不可或缺性论证带来的难题。与对全面柏拉图主义的处理相似，我们不讨论巴拉格尔对虚构主义以外的反实在论版本的批评，而是直接追问，虚构主义是否真的能够应对数学可应用性的挑战。

巴拉格尔向我们保证，即使承认数学在科学中的应用是不可或缺的，数学虚构主义也不会受损，因为虚构主义能够在不承诺数学对象的前提下恰当地说明数学的应用。这里，我们可能会期待看到一个关于数学应用机制的复杂理论，但巴拉格尔给出的说明十分简单，其核心的想法是：因为抽象对象是因果无效的，并且经验科学理论没有指派任何因果作用给数学，所以经验科学的真依赖于两个彼此完全独立的事实集，即纯数学的（或纯柏拉图主义的）事实集和纯物理的（或纯唯名论的）事实集，它们成立与否是彼此独立的。比如，用巴拉格尔自己给出的一个例子来说明：考虑句子"物理系统 S 是 40℃"。它是一个混合句，同时指称了物理系统 S 和作为抽象对象的自然数 40，但它没有对 40 指派任何因果作用，即没有断言 40 以某种方式为 S 的温度负责。因此，如果它是真的，它也是由于两个分别与 S 和 40 相关的彼此独立的事实为真，既然彼此独立，那么即使关于 40 的事实不存在，关于 S 的内容也仍然可以是真的。一般地，巴拉格尔断言，即使经验科学的柏拉图主义内容是虚构的，它的唯名论内容也可以是真的，数学在经验科学中只是作为辅助描述的手段发挥作用，它让科学家更容易地说出他们关于物理世界想说的一切。①

根据第三章介绍的理由，我们也拒绝将不可或缺性论证当作一个对实在论的可靠论证。但在那里我们同时也指出，数学的可应用性虽然不能构成对唯名论的一个论证式反驳，但确实给唯名论带来了一个挑战，即说明：如果数学语句是虚构的，为什么在科学推理中还可以将它们用作合法的前提；为什么事实上科学家从纯数学假设和一些物理假设可以一般地导出观察上可证实的物理结论。然而很明显的是，巴拉格尔在对数学可应用性问题的解释中，完全没有顾及这一点。换言之，他没有认识到，数学在经验科学中并不是仅仅作为一种简易的语言帮助描述的，还实质性地作为前提参与对物理结论的论证。笔者认为，要为数学虚构主义做一个令人满意的辩护，就必须对这一点做出说明。

针对这个挑战，巴拉格尔也许会再次从因果的角度给出回答，断定一个科学理论推出的物理结论一定已经为该理论的物理部分所蕴含，数学前提虽然在推理中被用到，但实际上必定是不必要的，因为它们不担负因果解释责任。但是，我们这里强调的不是数学前提具有某些因果解释责任②，而是它们参与科学推理的事实，由因果无效并不能推出它们作为推理的前提是不必要的，可应用性难题恰恰是要求虚构主义者说明为什么数学前提是不必要的。并且，即使数学前提在科学推导中实际上是不必要的，因数学在科学中的巨大成功作为一个关于人类认知活动的突出事实，其本身的价值也仍然是一个需要说明的现象，虽然这时可能不再是出于为虚构主义辩护的目的。

无论如何，笔者认为巴拉格尔为虚构主义所做的辩护是不能令人满意的，如同他为全面柏拉图主义所做的辩护一样。这两种立场都还远称不上

① 详见 Balaguer（1998），第 7 章。

② 实际上，甚至这一点也是有争议的。比如，Baker（2005）就认为数学不仅帮助科学表达和推理，还对物理现象具有真正的解释力，并举了生物学家对一种蝉的睡眠周期的解释作为例子。本书第七章讨论数学可应用性问题时还会介绍这一点。

是令人满意的数学哲学。不过巴拉格尔的最终观点并不是要支持这二者中的任何一个，正如我们在本节一开始点明的，他的结论的重点是取消本体论问题，其中第一步就是断言：我们没有任何令人满意的理由在全面柏拉图主义和虚构主义之间做出选择，实即他所谓的"弱认识结论"。

巴拉格尔指出，有人可能会根据奥卡姆剃刀原则，断定虚构主义比全面柏拉图主义更好，因为它在本体论上更节俭，但应用剃刀原则的前提是，两个理论在其他方面的说服力一样，而这点在这里并不被满足。巴拉格尔认为，事实上，全面柏拉图主义和虚构主义各有优点，前者能像常识那样声称数学理论是真的，后者则能避免假定抽象对象这种从常识的观点看起来很古怪的实体，它们半斤八两，归根结底是两种非理性的直觉之间的角逐。对于它们中的任何一个，我们都没有令人满意的理由支持或反对。

不仅如此，巴拉格尔进一步宣称，不只是现在我们不能在全面柏拉图主义与虚构主义之间做出理性抉择，将来也不可能做出。这就是他所谓的"强认识结论"。巴拉格尔对强认识结论的论证基于如下观察：全面柏拉图主义和虚构主义表面上不同，但实质上却是十分相似的两种数学哲学，它们仅有的分歧是关于数学对象存在性的底层分歧，即前者认为数学对象存在，数学理论是真的；后者认为数学对象不存在，数学理论是虚构的。但对于作为数学家的认知活动的数学实践，它们的看法却是完全一致的：数学实践的本质就在于构造一致的数学理论，不同理论之间的优劣只能从其对直觉概念的符合度、实用性和审美价值等方面来评判。巴拉格尔还指出，造成这种状况的原因是，全面柏拉图主义者和虚构主义者都承认数学对象即使存在也是因果无效的，因此它们是否存在与物理世界无关，从而也与发生在数学家头脑中的事情无关。从这样的观察出发，巴拉格尔论证道：①我们永远不能以直接的方式，即以只看关于数学对象的底层分歧的方式，解决全面柏拉图主义和虚构主义之间的争论，因为我们只能接触时空中的对象，无法直接察知数学对象是否存在；②我们永远不能以间接的方式，即以看这两种观点的结果的方式解决这个争论，因为它们在关于数学实践的结果上没有任何不同，它们之间仅有的分歧是关于数学对象存在性的底层分歧。这两个论题合在一起，就构成了巴拉格尔的强认识结论。

有了强认识结论，巴拉格尔又进一步做出了他的形而上学结论，即断定不存在关于抽象对象是否存在的事实。巴拉格尔论证这一点的理由是，我们不知道抽象对象存在到底意味着什么，或者说，一个有着抽象对象的可能世界看起来是什么样的，但如果我们对于一个可能世界必须是什么样子没有任何想法，那么就不存在哪些世界可以被看作这样的世界的事实。这里，巴拉格尔似乎仅仅是在强调，我们的抽象对象概念是不清楚的。

我们对全面柏拉图主义和虚构主义的分析表明，巴拉格尔的以上三个结论都有问题。特别是，全面柏拉图主义并不是一个可以避免一切反驳的立场，它对认识论困难的回答还不够让人满意。不仅如此，笔者认为巴拉格尔在论证他的强认识结论和形而上学结论时所做的一些分析，实际上也支持对数学做反柏拉图主义的解释。比如，他认为抽象对象对于说明数学实践无实质价值，它们即使存在也与人类头脑中的事情无关，甚至抽象对象的概念本身都是很不清晰的，等等。当然，这里笔者还不能更系统地为反柏拉图主义辩护，只有到本书第七章笔者才会尝试做这件事。但笔者相信，以上分析已经足以证明，关于数学的本体论争论，并不是如巴拉格尔所论证的那样，原则上是不可解的。

第二节 麦蒂的数学自然主义论题

麦蒂的数学自然主义论题是对蒯因自然主义所蕴含的科学自主性论题的推广。蒯因的科学自主性论题强调，科学方法不应接受超出科学方法自身以外的第一哲学的批评，也不需要超出科学方法自身以外的第一哲学的证成。麦蒂对这一论题表示赞同，但认为我们不应仅在自然科学或经验科学中接受它，而应将它推广至纯数学的领域，从而公正地对待数学：

> 蒯因主张科学"不对任何超科学的法庭负有申辩责任，也不需要任何超出观察和假设-演绎方法之外的证成"……数学自然主义者补充说，数学同样不对任何超数学的法庭负有申辩责任，也不需要任何超出数学证明和公理方法之外的证成。（Maddy，1997，p. 184）

根据麦蒂，进行这一推广的动机来自"隐含于所有自然主义背后的基本精神：相信任何成功的事业，无论是科学还是数学，都应该在其自身之中被理解和评价，相信这样的事业不应服从某种来自外部的、被设定为更高的观点的批评，也不需要那样的支持"（Maddy，1997，p. 184）。

这就是说，麦蒂在蒯因自然主义对科学在方法论上的自主性的强调的基础上，同时强调数学在方法论上的自主性，主张数学在证成方法上是自主自足的。这似乎很明显是对蒯因哲学的一种背离，因为在后者那里，数学通过其在经验科学中的不可或缺的应用成为经验科学的一部分，与经验科学一起被整体地证成，它之所以为真不是以纯数学方法自主地确立的，而是借经验方法被间接地确立的。相比之下，麦蒂的数学自然主义倒更像是伯吉斯和罗森所主张的那种自然主义，因为正如我们在第四章阐明的，根据伯吉斯和罗森的看法，纯数学是和经验科学平等的科学领域，它通过公理和证明等数学自有的方法保证自身的真理性，完全不需要不可或缺性论证来画蛇添足。确实，至少从字面上看来，麦蒂对数学在方法论上的自主性的强调，或者说她所谓的数学自然主义论题，是在引进关于证成的双重标准：针对数学证成的数学标准和针对科学证成的科学标准。例如，Paseau（2013）在对数学哲学中的各种自然主义立场进行分类介绍时，就做出了这样的理解，并因此称麦蒂的自然主义为"混合型"自然主义。不仅如此，很多人如罗森和伯吉斯（Rosen and Burgess，2005）在为数学实在论辩护时，也都习惯性地援引麦蒂的数学自然主义作为一个例子或佐证，就好像它确实是在支持实在论似的。

然而，在笔者看来，虽然在某种表面的意义上麦蒂的数学自然主义确实是在引入证成的双重标准，但在更深刻也更重要的意义上，这种理解却是一个巨大的误解。要说明这一点，只需注意到人们对"证成"这个词实际上有两种本质不同的用法，或者说，麦蒂对"证成"这个词有两种本质不同的用法。通常人们说一个句子或理论被证成了，就等于是说它被证成为真了，例如，蒯因、伯吉斯、罗森、柯立文和叶峰等人所采纳的就都是这种用法。但在麦蒂的著作中，"证成"一词虽然也有这种标准的用法，例如，她在谈论经验科学的证成时就预设了这种用法，但这种标准用法没有得到一致的贯彻。相反，麦蒂还默许了对这个关键术语的另一种用法，在这种用法中，证成与真被分离，句子或理论被证成并不意味着它们被证成为真。

麦蒂本人从未宣称自己对"证成"一词有这样一个特殊的用法。但从她的一些言论中，我们可以清楚地推断出她的这种特殊用法。例如，麦蒂一方面强调数学在方法论上的自主性，另一方面又自称要追随蒯因，把经验科学当作"关于何物存在的最终裁决者"（Maddy，2005，p. 457），但这就意味着，比如以大基数公理（large cardinal axioms，LCA）为例的话，它们内在于数学的证成，并不表示数学家应当承认它们为真理并接受相应的大基数的存在，而仅仅表示数学家应该在他们的数学叙事中接受它们，在未来的数学研究（如证明新的数学定理时）中使用它们。更一般地，麦蒂明确宣称的一点是，哲学家应该严格区分数学本身（mathematics proper）与数学哲学，区分纯粹的方法论问题与关于真理和存在的哲学问题①，并把这一区分当作自己的自然主义数学哲学的一条基本原则。因此可以说，麦蒂的数学自然主义论题，实际上并不是在引入关于证成的双重标准，而是在引入对"证成"这个术语的两种不同用法：在谈论经验科学时，"证成"意味着"证成为真"；而在谈论数学时，"证成"则与真理无关，仅仅意味着满足一些数学标准而已。

---

① 参见 Maddy（2007，2011）。

麦蒂本人很可能根本就没有意识到自己在两种意义上使用了"证成"这个术语，否则她就应该在她的著作中对这一点进行明确说明，以免造成误解。而事实上，如我们前面指出的，人们对于麦蒂的解读也确实产生了一些混乱。我们希望通过以上澄清，可以消解这些误解和混乱。并且，一旦弄清麦蒂的这一术语滥用，麦蒂的数学自然主义论题也就不再是对蒯因的一种背离，或至少背离得不是那么远。因为当蒯因把数学作为科学的一部分来确证而忽略它与自然科学在方法论上的区别的时候，他是就确证数学的真理性而言的，而如果将真理问题与方法论问题分离开，那么数学当然可以享有方法论上的自主性，正如如果占星术不宣称自己是在断定星辰与人类的行为和命运之间的某种实在的联系的话，它当然也可以有自主的、独立于天文学和其他科学的方法论。麦蒂在阐述自己的数学自然主义论题时，宣称它是对蒯因的科学自主性论题的推广，并宣称这样做是出于对数学的公正，但明白了她关于"证成"一词的上述混淆使用后，这些宣称就变得空洞苍白了，失去了实质的内容和力量。同样地，麦蒂的数学自然主义也不能再被看作是伯吉斯和罗森的彻底自然主义思想的一个相似物，因为后者是在证成真理的意义上赋予数学相对于经验科学的自足性和自主性的。事实上，麦蒂的数学自然主义论题更像是我们在第二章提到的哲学忝列末位原则的一种应用，强调数学在目标和方法上的自主性，但回避了关于真理和存在的真正问题。综合以上分析，笔者的结论是：相对于蒯因的自然主义，麦蒂的数学自然主义论题是一个比较平凡的论题，完全不具有初看起来的革命性或冲击性。

不过，虽然将数学的方法论问题与关于数学的真理性和存在性问题分离开来，麦蒂的数学自然主义论题本身会失去实质意义，但她从这种分离出发对纯数学的自然主义方法论刻画却无损其价值。数学方法论问题，尤其是集合论公理的证成问题，从麦蒂职业生涯的一开始就是她的一个中心关怀。在早期，麦蒂从一种柏拉图主义的视角处理这个问题，提出了本章开头提到的所谓集合论实在主义的思想，试图为集合论公理做一种超出数学方法本身的哲学辩护。但很快她就对这一立场绝望了，转向数学自然主义，认为数学在方法论上是自主自足的，并要求如其所是地描述集合论方法，即按照实际的集合论实践归纳其所蕴含的方法论。根据麦蒂最终总结出的数学方法论，数学实践不仅与整体论的经验主义数学哲学不符，甚至也与通常的数学实在论如哥德尔的数学实在论相矛盾。下面我们就来探讨麦蒂在这方面的一些工作。

麦蒂对集合论实践的考察结果，在她的专著《为公理辩护：论集合论的哲学基础》（Maddy，2011）中得到了系统的阐述。在该书第二章，麦蒂集中分析了集合论实践的三个重要案例，即康托与戴德金对（无穷）集合的引入、策梅洛对其所提出的集合论公理系统的辩护和当代集合论学家围绕可决定性公理的一系列争论，并由此得出她关于集合论方法论的一般结论：集合论的恰当方法就是这些案例所提供给我们的方法，即"使用任何能服务于数学目标的有效手段"，这些目标涵盖"从相对局部的问题解决到提供数学的一般基础再到对具有良好发展前景的数学产品的更开放的追求"（Maddy，2011，p. 52）。并且，根据麦蒂，这些与自然科学的观察实验方法显然不同的集合论方法是完全自主的，在事实上独立于任何哲学或经验科学的考虑。具体到公理证成问题上，麦蒂认为集合论学家取舍公理的标准是对它们的优缺点的纯数学考虑，而这些考虑体现着数学独特的价值追求。限于篇幅，下面我们仅以麦蒂对第三个即可决定性公理案例的分析为例对这一点做详细说明，而之所以选择这个案例，是因为一方面围绕着可决定性公理的研究是当代集合论前沿研究的典范代表，另一方面麦蒂本人对这个案例也寄予了更重的逻辑分量的期望。

20世纪60年代以来，在哥德尔和柯恩（P. Cohen）关于连续统问题的独立性结果以及随后被集合论学家陆续证明的其他大量独立性结果（如怀特海猜想、投射集勒贝格可测性问题等）的推动下，集合论学家渐渐以极大的热情投入对新公理的寻求中，以期用它们来判定那些独立性问题，使我们的数学理论更加完备。围绕着可决定性假设（determinacy hypotheses）

的一系列研究，就是在这样的背景下产生的。完整的可决定性公理被表明与选择公理不相容①，但断言实数的投射子集都可决定的投射可决定性公理（the axiom of projective determinacy，PD），却被很多集合论学家认为是很有可能成立的。但很明显，PD 本身并没有直观上的似真性（plausibility）或内在的必然性，因此集合论学家提出的支持它的证据都是所谓的"外在的（extrinsic）证据"，麦蒂将它们概括为如下四个种类（Maddy, 2011, pp. 49-51）：

1. PD 能使我们得到一个关于投射集的性质的很丰富的理论，并且它以一种很自然的方式，将我们只用 ZFC 就能得到的关于较低层谱上的投射集的理论，推广到完整的投射集层谱上去。

2. PD 显示出与大基数公理的紧密联系，特别地，由一些大基数公理可以推出 PD。而大基数公理被普遍认为具有某种内在似真性，这种内在证据及大基数公理的其他外在证据可以由 PD 继承过来。

3. 任何具有足够强（至少和 PD 一样强）的一致性强度（consistency strength）②的自然的数学理论都蕴含 PD。而考虑到集合论的基础地位和现代数学的开放性，我们完全有理由寻求具有更高一致性强度的理论。

4. 在足够强的大基数公理下，PD 所提供的投射集理论不仅能回答关于投射集的所有已知独立性问题，还在如下意义上是完全的③：用力迫（forcing）法无法得到任何新的独立性结果。而力迫法是我们目前拥有的证明独立性的最好方法。

---

① 设 A 是 0 和 1 之间的一些实数（它们可以唯一地表示成 0 和 1 的无穷序列）构成的一个集合，两个游戏者甲和乙轮流选择 0 或 1，如果最终得到的实数属于 A，则甲胜出，否则乙胜出；如果甲和乙中一人有制胜策略，则称集合 A 是可决定的。此定义可推广到全体实数上，可决定性公理断言实数的任意子集都可决定。如果可决定性公理成立，则意味着实数的所有子集都是勒贝格可测的，但选择公理却蕴含着不可测实数子集的存在，因此二者是不相容的。选择公理对于经典数学的很多结果意义重大，所以人们倾向于否定可决定性公理。

② 根据哥德尔第二不完全性定理，皮亚诺算数 PA 本身不能证明 PA 的一致性，但 ZFC 却可以证明 PA 的一致性，在这个意义上 ZFC 的一致性强度要高于 PA。类似地，ZFC+LCA 可以证明 ZFC 的一致性，因而在一致性强度上高于后者。

③ 这被称为"脱殊完全性"（generic completeness）。

很明显，上面罗列的四类证据无一不体现着我们之前提到的、麦蒂所给出的关于集合论方法论的一般原则：使用任何有助于满足我们的数学目标的手段，这些目标包括局部的问题解决、提供数学基础、带来更开放的有前景的新数学内容等。但需要说明的是，麦蒂并不是这种原则的唯一阐发者，甚至也不是第一个阐发者。熟悉哥德尔数学哲学的人不难发现，类似的原则在哥德尔的著作中早已经出现了。作为一个坚定的柏拉图主义者，哥德尔深信连续统问题及其他一些数学问题的独立性证明并不意味着这些问题本身失去了客观意义，而只是表明 ZFC 是对集合宇宙的不完全的刻画，并主张寻找新公理来加强 ZFC，以判定连续统假设 CH 及其他独立性命题的真假。而在探讨寻求新公理应当遵循的原则时，哥德尔写道：

> 即使不考虑一个新公理的内在必然性，甚至即使它根本没有内在的必然性，以另一种方式，即通过归纳地研究它的"成功"，对其真值做出一种盖然的判定依然是可能的。这里的成功意味着后承的丰富性，特别是"可证实的"后承，即不借助新公理也能得到证明的后承，但新公理能使这些证明变得更简单和更容易发现，并使得将许多不同的证明归结为一个证明成为可能……或许存在这样一些公理，它们的可验证的后承是如此丰富，它们对一个领域的阐释是如此清晰，它们提供的解决问题的方法是如此强大（甚至能最大限度地以构造性的方式解决它们），以至于无论它们自身是否是内在必然的，它们都必须被接受，至少在与任何良好建立的物理理论同样的意义上被接受。
> （Gödel，1990b，p. 261）

这里哥德尔强调，公理的证成不必专赖于直观上的显明性，还可以诉诸其具备的其他一些优良的理论品质，如简化证明、可验证后承的丰富性、对一个领域的阐明作用、提供解决各种具体问题的一般方法等。哥德尔关于寻求新公理以判定独立性问题的主张和新公理证成的如上原则，就是所谓的"哥德尔纲领"[①]。它极大地影响了当代集合论的实践，"几乎指导了

[①] 关于哥德尔纲领对当代集合论实践之影响的详细介绍，可参阅郝兆宽（2018）。

所有寻求新公理的工作"（郝兆宽等，2010，第35页）。其中关于PD的研究就是一个代表性的例子。而这里涉及的哥德尔的公理证成原则与麦蒂对集合论方法论的一般刻画的相似性，则是毋庸赘言的。不过也不能完全否定麦蒂在这里的贡献，因为她的方法论原则基于对数学实践更扎实和更丰富的案例研究，可以被看作对哥德尔原则的某种充实和推进。

麦蒂在数学方法论研究上的另一个也许更重要的贡献是，她洞见到数学实践所体现出的如上所述的方法论与数学实在论哲学很可能是不相容的。这是因为，一个数学理论具有数学家偏爱的这样或那样的性质，满足数学家这样或那样的数学目的，为什么就能保证这个理论是真的呢？集合论学家喜欢PD所带来的关于投射集的优美理论，以及它所具有的那四种良好性质，但这就能保证PD为真吗？至少对于一个柏拉图主义者而言，答案应该是否定的，麦蒂是这样认为的。因为柏拉图主义者将集合论看作是对某种客观的、独立实在的描述，而"实在完全可以是令人悲伤地拒绝合作的"（Maddy，2011，p. 58），即它很可能不服从人类对理论的那些主观的偏好，就像我们在物理学实践中常常看到的实在与科学家意愿相违背的情况一样。由此，麦蒂得出数学实在论与集合论实践不一致的结论。这是一个十分有趣的对比：同样的原则在哥德尔那里是数学实在论的自然结果，正如我们在上文所引用的哥德尔的段落中所看到的，而到麦蒂这里却成了一种背离数学实在论的东西。那么到底是什么造成了麦蒂和哥德尔之间的这种极端分裂呢？这是一个值得思考的问题。

虽然相比于数学实在论，本书更倾向于数学唯名论的立场，但我们必须承认的是，麦蒂对实在论之缺陷的上述观察并不像表面上看起来那么有说服力。这是因为，考虑一下自然科学中的情况，我们会发现自然科学家对科学理论的论证也经常不是直接论证理论的真理性，而是理论具有这样那样的优点，或者说后者是前者的理由，即我们相信理论的真理性正是由于它们具有那些理论优点。事实上，这也正是蒯因的确证整体论的现实基础所在。正如我们在第三章提到的，蒯因对这些优点进行过一般性的概括——简单性、保守性、经验恰当性、融贯性、经济性、多产性（fecundity），等等。如果按麦蒂对数学所做的那样思考科学确证，则人们完全可以批评说，一个科学理论具有那些蒯因式优点并不能保证它是真的，独立于我们的物理实在完全可以不配合我们对这些优点的偏好。例如，它可能就是包含一些对于我们说明观察到的自然现象来说不必要的实体或性质，因而科学实在论与科学的方法论实践不相容。然而，我们会愿意在自然科学的情形下接受这样的结论吗？我们会认为我们对物理对象实在性的信念与我们的自然科学实践不符吗？当然不会，至少对于自然主义者来说，答案是不会。既然如此，为什么在数学的情形下我们就要得出麦蒂式结论呢？难道像哥德尔那样得出数学证成和物理证成相似的结论不是更合理吗？事实上，哥德尔在为数学的那种证成原则做辩护时正是诉诸了这样的类比，比如在前面引文中他说，"它们都必须被接受，至少在与任何良好建立的物理理论同样的意义上被接受"。

这里，也许有人会为麦蒂辩护说，以上考虑依赖于蒯因关于科学确证的整体论思想，而正如我们已经介绍过的，麦蒂对蒯因的整体论是有异议的。对于这种可能的责难，笔者必须申明，按照我们在第三章的分析，麦蒂对整体论的异议并不是说理论的整体性品质如简单性、保守性等不能构成对理论的支持，而仅仅在于反对将理论品质作为存在性断言或本体论承诺的最终和全部的证据，反对笼统地、不加区分地看待科学断言和科学证据。比如以原子论为例，麦蒂认为后者对那些理论品质的享有还不足以让科学家相信原子的实在性，更直接的证据如佩林的实验是必要的和最关键的。同样地，她反对蒯因从整体论出发对数学对象存在性的不可或缺性论证，认为包含数学的科学理论对整体性品质的享有不足以证明数学对象的实在性。但对于一般性地援引理论的整体性优点为一个自然科学理论做辩护，麦蒂显然并不反对。

针对我们提出的批驳，麦蒂自己更有可能采取的辩解是，"经验恰当性"这个理论品质可以在很大程度上削弱自然科学家的主观理论偏好对理论的决定作用，因为它要求自然科学理论与经验观察相符，这实际上就是要求理论与实在的相符。换句话说，在科学理论的众多理论品质中，经验恰当性不是人类的一个主观理论偏好，而是提供了一个客观性的源泉。并且很明显，经验恰当性在诸理论品质中占据着核心位置，一个理论无论多么简单和优美，如果它缺乏经验上的恰当性，与经验观察有很多不符，它就绝不能被科学家接受。相反，一个理论如果在观察上十分成功，那么即使它在其他品质上有瑕疵，甚至某些方面是不融贯的，也会被科学家接受，比如现代物理学中的两颗明珠——广义相对论和量子力学，它们之间有着一种深刻的矛盾，至今仍然困扰着理论物理学家，但它们在观察上的惊人成功却使科学家普遍地接受了它们。这样，凭借经验恰当性这个品质，也许就可以避免在自然科学的领域做出类似于数学领域的麦蒂式结论。

对于麦蒂可能做出的以上辩解，笔者要指出的是，哥德尔实在论数学哲学中所包含的直觉恰当性要求也可以充当类似的角色，它要求那些自身缺乏直觉显明性的数学公理，必须在其逻辑后承上与人们相关的数学直觉保持一致，比如，集合论公理的算术结果应当与我们对标准自然数模型的直觉一致。事实上，哥德尔自己经常将数学直觉和它在数学中的作用类比于感官知觉和它在物理学中的作用[1]，比如在他著名的《什么是康托的连续统问题？》一文中，他说：

> 但是，尽管它们离我们的感官经验极为遥远，我们对集合论的对象仍然有某种类似于知觉的东西，这由如下事实可以看出，即公理迫使我们接受其为真。我看不到任何理由使得我们对这种知觉，即数学直觉，比对感官知觉持有较少的信心，后者引导我们建立物理理论，预期未来的感官知觉会与这些理论相符，并相信一个现在不能判定的问题有意义并可能会在将来得到判定。（Gödel，1990b，p. 268）

当然，对此麦蒂还可以反驳说，哥德尔的数学直觉理论很不充分，很难期望数学直觉在数学认识中能具有与感官知觉在物理学中具有的相类似

---

[1]　哥德尔的这方面论述主要见于 Gödel（1990b，1995）。

的性质和功能。但这样一来，她对数学实在论与数学实践相容性的批评就归结为对哥德尔数学直觉学说的批评，失去了其新颖性，因为后一种批评早已是老生常谈，其背后隐藏的则是贝纳塞拉夫难题。特别地，我们在第四章反驳伯吉斯和罗森的观点时也指出，如何说明数学直觉是自然化的贝纳塞拉夫难题或者说认识论难题的一个重要部分。

以上我们针对麦蒂关于数学实践与数学实在论不相符的论点的分析，并非旨在为数学实在论辩护，我们只是要指明麦蒂的论点的力量和弱点。通过上述分析我们可以看到，麦蒂的论点只有在与关于数学直觉的难题相结合的时候才能具有其预期的力量，这也部分地回答了我们之前提出的一个问题，即为什么哥德尔和麦蒂对同样的证成原则与数学实在论的关系持有如此悬殊的态度，根本的原因就在于，他们二人对数学直觉的作用持不同的看法，哥德尔在对数学直觉力量的估计上显然要比麦蒂乐观得多。但对此我们不再做更多的论述，而是转向对麦蒂正面的本体论立场的介绍和分析。

第三节　麦蒂的薄实在论和非实在论

麦蒂的数学自然主义论题强调数学在方法论上的自主性，据此哲学家（哪怕是自然主义哲学家或者说第二哲学家）是无权对数学家所追求的数学目标和为达成这些目标所使用的方法说三道四的。但麦蒂同时又认为，虽然如此，他们仍然可以站在数学之外和经验科学之中追问这样一个问题：整个数学实践作为人类的一种特点鲜明而系统的活动，是否将我们引向了关于某种题材的真理？这也就是麦蒂所谓的"数学哲学的问题"，它与数学的方法论问题是分离的。并且，麦蒂还认为，即使假定数学对象如集合、自然数、拓扑空间等确实存在，数学是关于它们的一个真理体系，但对于一个自然主义哲学家来说，仍然可以追问这样一个问题：为什么数学家所使用的方法能做到这些？正如她可以追问，为什么经验科学的方法能提供给我们关于物理世界的知识。这里可以看到麦蒂自然主义与伯吉斯和罗森的彻底自然主义的显著不同，在后者那里，数学作为与自然科学享有同等地位的科学，在真理和存在性问题上是自足的，数学的真理性与数学对象的存在性无须站到数学之外和经验科学之中去寻找理由来保证，并且一旦承认了它们也就不再有关于为什么数学方法能达成对数学对象的知识的认识论问题。从另一个角度也可以说，麦蒂自然主义在关于数学哲学的元哲学态度上是与蒯因保持一致的，即要求站在科学中追问数学的真理性和数学对象的存在性。

那么，麦蒂在关于数学真理性和数学对象存在性等数学哲学问题上的考察结论又如何呢？考虑到麦蒂对不可或缺性论证的拒斥，还有她关于数学实在论与数学实践不相符的论断，人们大概会认为，麦蒂很自然地应该是一个数学反实在论者。但事实却并非如此。通过否定不可或缺性论证，麦蒂承认第二哲学家找不到好的理由把数学看作关于抽象对象的真理，但同时她又断言，第二哲学家也找不到好的理由不把数学看作关于抽象对象的真理。也就是说，麦蒂最终走向的是一种与巴拉格尔相似的立场，即认为数学本体论问题不可解。如果用数理逻辑的术语来类比的话，那么可以将麦蒂的立场表达为：数学本体论问题对于第二哲学是不可判定的，就像连续统问题对于 ZFC 是不可判定的一样。对此人们大概立即会产生一个疑问：麦蒂不是认为数学实在论与数学实践不符吗？这难道不是支持反实在论的好理由吗？要回答这一疑问，必须引入麦蒂对实在论的一种区分，即她关于厚实在论和薄实在论的区分。

麦蒂用具体的数学哲学理论的实例说明厚实在论的概念。按照她的说法，厚实在论有两个典型的代表，即哥德尔的概念实在论和蒯因的整体论实在论。其中，后者前面已有详细介绍，而前者我们虽也有谈到但介绍不多，这里对它再多说几句。

在他的《罗素的数理逻辑》一文中，哥德尔阐述了他的数学实在论的较成熟形式，他明确地写道：

虽然如此，类和概念也可以被看作实在的对象，即把类看作事物的多元组或多个事物组成的结构，把概念看作独立于我们的定义和构造而存在的事物的性质及关系。

在我看来，假定这样的对象和假定物理对象同等合法，并有完全同样多的理由相信它们的存在。正如物理对象对于获得一个关于我们的感官知觉的令人满意的理论是必要的，这样的对象对于获得一个令人满意的数学系统也在同样意义上是必要的，并且在这两种情况下，都不可能把我们关于这些实体要有所断定的命题解释成关于"材料"（在物理学的情况下，也就是实际发生的感官知觉）的命题。（Gödel，1990a，p. 128）

从这些文字我们可以看到，哥德尔的数学实在论有两个显著特征：一是不仅承认类（即集合）这种外延性对象的实在性，还承认概念或者说性质和关系等内涵性对象的实在性，也正因如此，哥德尔的柏拉图主义经常被称作"概念实在论"；二是它将抽象对象类比于物理对象，这和蒯因将（经验可应用的）数学对象类比于原子、电子之类的理论实体有点相似，但又显然不同。此外，从本章第二节对哥德尔的引文中我们还可以看到，哥德尔假设我们对抽象对象有一种类似于对物理对象的感官知觉，即数学直觉。从所有这些方面我们可以发现，哥德尔的柏拉图主义是一种十分强硬的立场，其强硬性不比柏拉图本人的立场削弱分毫，这在近一两百年的哲学史上都是罕见的。

像哥德尔的概念实在论这样的实在论，即不仅断定数学对象是数学所试图描述的一种客观实在，还追求关于这种实在和它与我们之间的联系的一整套形而上学说明的立场，就被麦蒂称为"厚实在论"。不仅如此，根据麦蒂，厚实在论还有一个特点：它经常将关于数学方法论问题的意见建立在其形而上学基础上。例如，哥德尔用柏拉图主义拒斥所谓的"恶性循环原则"，指出它"只有在所涉及实体是我们自己的构造的情况下才可以应用。而如果问题是关于独立于我们的构造而存在的对象的，那么存在着这样一些总体，它们包含着一些只有通过指涉其所属总体才能描述，即唯一地刻画的成员，就毫无荒谬之处"①。

针对上述以哥德尔的版本为例所阐述的厚实在论概念，麦蒂提出了她的薄实在论概念。后者是这样一种观点：它也断定集合存在，集合论是一些真理的总体（a body of truth），但更重要的是，它认为"集合就是集合论所描述的东西"（Maddy，2011，p. 63），而这就把它与厚实在论区别开了。这种区别可以分为两个方面：首先是本体论方面，对于薄实在论来说，由于集合论从未谈及集合的时空和因果性质，所以其可以像厚实在论那样将非时空性、非因果性等否定性质归给集合，但关于集合的正面性质，薄实在论只接受集合论里所断言的那些数学性质，而拒绝做更多的形而上学探究；其次是认识论方面，厚实在论试图为集合论方法的可靠性提供一个非平凡的说明，薄实在论则将之看作是"关于集合之所是的平凡事实"（Maddy，2011，p. 63），既然集合就是集合论所描述的东西，那么集合论方法当然可以认识它们，因而关于集合的认识论难题和麦蒂所提出的集合论方法与集合的客观实在性之间的矛盾就都消失了。另外，特别地，麦蒂以连续统问题为例说明两种实在论的区别，在这个问题上，厚实在论想要一个"能够以更实质性的方式保证 CH 有意义的完整的形而上学理论"（Maddy，2011，p. 64），而薄实在论则通过对排中律的简单援引来说明 CH 的有意义性，至于为什么可以使用排中律，则仅仅是因为它包含在集合论实践事实上所蕴含的方法中。

与薄实在论相应，麦蒂还给出了一种薄化的反实在论，即所谓的"非实在论"。它断言集合论及一般数学不是一个真理的总体，集合也不存在。数学只不过是一项有着自己方法的极其成功的事业，它在自然科学中扮演的重要角色并不能构成对其真理性的证明，虽然这一角色确实将它与其他

---

① 恶性循环原则是罗素为避免集合论悖论提出的，但却会导致经典数学的很大一部分不合法。哥德尔将其分析为三种形式：a. 没有总体能包含只有借助这个总体本身才可定义的元素；b. 没有总体能包含含有这个总体的元素；c. 没有总体能包含预设这个总体的元素，并指出只有第一种形式才会破坏经典数学，而此形式在柏拉图主义下是不成立的。详细内容参见 Gödel（1990a）。

一些可能有自己的自主方法论的人类事业，如占星学和神学区分开了。它与通常的数学唯名论的差别在于，它不接受任何关于我们的知识应当是什么样的先在概念，后者可以被用来排除关于集合的知识的可能性。① 也正是在这种意义上，非实在论是薄化的反实在论。

显而易见，在真理性和存在性问题上，薄实在论和非实在论站在互相对立的立场。但麦蒂强调，它们在方法论层面上则是不可区分的，事实上，隐藏在这两种立场后的客观事实是完全相同的，即"关于数学深度的地形学"（topography of mathematical depth）。而麦蒂关于本体论问题不可判定的立场也可以精确化为如下命题：薄实在论和非实在论是"关于纯数学之本性的同等准确的第二哲学描述"（Maddy，2011，p. 112）。并且，麦蒂还进而建议哲学家将注意力从真理性和存在性问题上转移到对作为薄实在论和非实在论之共同客观基础，即"数学深度"的理解上去。她给哲学家的箴言是："真正重要的东西只是数学的丰富性和成功前景本身。"（Maddy，2011，p. 137）

笔者十分赞同麦蒂关于哲学家应当将更多的精力投入对实际引领数学实践的所谓"数学深度"的探究中去，但却不同意薄实在论和非实在论是对数学之本质的同等准确的第二哲学描述，更不认为本体论问题不可解或没有意义。麦蒂认为，第二哲学家既找不到关于数学对象存在的好理由，也找不到关于它们不存在的好理由，而笔者认为，找不到关于数学对象存在的好理由这一事实本身就是关于数学对象不存在的好理由，因为假定一种对说明现实的数学实践毫无用处的实体，在笔者看来是一种极不谨慎的做法。何况考虑到抽象对象在形而上学上的反直觉性和反常识性，如果不假定它们也可以有一个对数学实践的"准确描述"，那么一个自然主义者显然应当乐见其成。此外，导致麦蒂没有断然走向唯名论而采取上述本体论折中立场的一个原因似乎是，她认为后者容易预设一种知识概念，而这违背自然主义或者说第二哲学的基本精神。但第二哲学为什么不能有关于知

① 关于非实在论与唯名论、形式主义、虚构主义等立场之间的微妙区别的更多内容，参见 Maddy（2011，pp. 95-99）。

识应该怎样的规范性概念呢？关于人能够和不能够认识什么这个问题，第二哲学家难道毫无权利追问吗？按照我们在第二章对自然主义的分析，笔者认为第二哲学家有这个权利，它与自然主义的精神并不冲突。第二哲学家在经验科学中研究人这种动物，研究人类的感官、大脑和认知能力，他当然有权利对人能认识什么和不能认识什么进行判断，正如他有权利对人能消化什么和不能消化什么做出判断一样，对于自然主义者或第二哲学家来说，重要的只是这些判断要在科学方法内做出，而不是站在科学之外以第一哲学的方式如康德的那种方式做出。当然，以上我们对麦蒂立场的指责也许过于空泛，从而缺乏足够的说服力，因此下面我们着重分析麦蒂的"薄实在论"概念，通过指出它的一些严重缺陷来驳斥麦蒂在本体论上的折中立场，正如我们在本章第一节通过分析全面柏拉图主义拒斥巴拉格尔的类似立场一样。

关于薄实在论首先要追究的一个问题是，当它断言集合存在时，是否在断言集合的客观实在性？答案似乎应当是肯定的。很难设想麦蒂可以做出某种类似于卡尔纳普的框架内和框架外问题区分的区分，从而给"存在"这个词赋予多重的、相对的含义，因为她是一个自然主义者，并明确承认她是站在自然科学中就存在和真理等哲学问题发问。对于她来说，断言集合存在就像断言原子存在一样，只能是断言相关对象的客观实在性。然而，薄实在论同时又宣称，集合就是集合论所描述的东西，这后一论断似乎又暗示集合是集合论方法所构造的，而非客观实在的对象。因为假如集合是独立于人和人的认识方法而客观实在的，它就不会天然地配合集合论方法，正如麦蒂自己在批评厚实在论与集合论实践的不相容性时所指出的那样，集合论方法的可靠性就需要进一步的说明，不能武断地论定集合就是集合论所描述的东西。因而，薄实在论似乎涉嫌一种自相矛盾的立场，它既断定集合客观存在，又要剥夺它们对人、对集合论方法的独立性。薄实在论的一个动机是回避贝纳塞拉夫难题，通过断言集合就是集合论所描述的东西，使集合论方法的可靠性成为关于集合之所是的平凡事实。但这样做的代价是使集合成为某种不具有客观实在性的东西，使实在论成为反实在论。所以，薄实在论是否是一种自身一致的立场，是很有疑问的。

关于薄实在论要追究的第二个问题是，它能如其所宣称的那样赋予连续统问题以客观的数学意义吗？在回答这个问题前，我们先对连续统问题的内容和历史做简要的回顾。虽然几乎在本书一开始连续统问题就进入了我们的视野，但我们一直没有对它做解释，可是为了更好地阐明观点，这里有必要补充介绍一下它。

作为一个数学问题的连续统问题由无穷集合论的创立者康托提出。康托用"一一映射"的概念定义集合的大小，并证明无穷集合不是一样大的，而是可以分成很多大小不同的类别。特别地，康托用他发明的对角线法证明，任何集合的幂集（即由原集合的全体子集构成的集合）都严格地大于该集合本身。例如，实数集就严格大于自然数集，因为可以证明，实数集和自然数集的幂集一样大。那么，是否存在实数集的一个子集，它严格小于实数集却又严格大于自然数集呢？这就是连续统问题，又称为"希尔伯特第一问题"，因为在希尔伯特于 20 世纪初提出的 23 个著名的未解问题中，它位列第一。

康托猜想连续统问题的答案是否定的，即不存在实数的子集，其大小严格介于自然数集和实数集之间，这就是连续统假设 CH。如果用基数概念表示集合的大小，并接受选择公理①，则可以用公式将 CH 表达如下：

$$2^{\aleph_0} = \aleph_1$$

这里 $\aleph_0$ 是自然数集的基数，$\aleph_1$ 是大于 $\aleph_0$ 的最小的基数（即 $\aleph_0$ 的后继基数），$2^{\aleph_0}$ 则代表自然数集的幂基数，它就等于实数集的基数。另外，CH 还可以推广为所谓的"广义连续统假设"（generalized continunnm hypothesis，GCH），它断言任意无穷基数的幂基数恰好等于它的后继基数。

康托虽然相信 CH（甚至 GCH）是真的，但却没有能证明它。在康托之后的几十年间，证明或证否 CH 的诸多努力也都以失败告终，直到哥德

---

① 选择公理使得任意两个集合可以比较大小，并使全体基数排成一个良序。

尔和柯恩的工作表明，CH（及GCH）"逻辑地独立于"数学家普遍接受的集合论公理系统ZFC。在罗素分支类型论的启发下，哥德尔于1938年用可构成集构造了ZFC的一个模型L，并证明CH（及GCH）在L中是成立的。[①]这意味着CH对ZFC具有"相对一致性"，即如果ZFC是一致的，则ZFC+CH也是一致的。1963年，柯恩又用他发明的力迫法证明：如果ZFC是一致的，则ZFC+¬CH也是一致的。这样，综合哥德尔和柯恩的结果我们就得出，连续统问题超出现有数学的框架，不能由现有集合论公理系统ZFC判定。事实上，后续的一些工作表明，在约束无穷基数幂函数的行为上，ZFC的能力非常有限。[②]

连续统问题的独立性结果引发了关于该问题地位的争论。形式主义者，如柯恩、谢赫拉（S. Shelah），认为这表明连续统问题是没有意义的；柏拉图主义者，如哥德尔，则坚信连续统问题有一个确定的答案，独立性结果只是表明ZFC作为对集合宇宙的一个不完全描述不足以解答它。如此一来，连续统问题在一定意义上就从一个纯数学问题演变成一个哲学问题，而哥德尔在这个问题上的柏拉图主义立场则是我们目前的讨论所关心的。正如用柏拉图主义来拒斥罗素的恶性循环原则一样，哥德尔也用它来为连续统问题的客观有意义性辩护，因为如果集合的宇宙是一种客观而独立的存在，那么连续统问题就应该有一个确定的真值，无论我们能否判定它。

与哥德尔的上述立场形成对比，按照之前我们提到的，麦蒂的薄实在论认为，无须借助集合的形而上学性质来为连续统问题的有意义性做保证，对排中律的简单援引就足够了。根据排中律，要么CH成立，要么¬CH成立，因而连续统问题就有一个确定的真值。对于排中律的这种应用，哥德尔当然也同意，但在哥德尔看来，排中律之所以可以这样应用，正是因为数学对象的客观实在性。如果数学是心灵的创造，比如根据直觉主义，存

---

① 证明思路是先证$V=L$（即一切集合都是可构成的）在L中成立，然后由$V=L$推出CH。

② 这方面工作主要得益于力迫法的巨大功效，郝兆宽等（2010）包含对这方面结果的一个简明介绍。

在即在直觉中被构造，排中律的应用就在很多情况下是不合法的，这也导致直觉主义提出所谓的"直觉主义逻辑"作为对数学中的古典逻辑的替代。当然，薄实在论虽拒绝诉诸集合的形而上学性质为排中律辩护，但也为排中律的可应用性提供了自己的理由：排中律是集合论和更一般的经典数学方法的一部分，数学自然主义亦即数学在方法论上的自主性保证了它的合法性。然而笔者认为，麦蒂的这一观点实际上是不成立的，对于它笔者有如下两个层次上的反驳。

首先，麦蒂必须说明连续统假设与几何学中的平行公设的区别。显而易见，在几何推理中我们也使用排中律和它衍生的反证法，但现在却没有哪个数学家会因此认为平行公设具有唯一确定的真值，相反，人们一致同意，它仅在欧几里得几何中成立，在非欧几何中则不成立。那么为何连续统假设就不能在一种集合论中成立，在另一种集合论中不成立呢？对此，麦蒂也许会说，这是因为集合论与几何学拥有不同的数学地位。集合论是全部数学的基础，集合是比其他数学对象更真实的数学对象，因为其他一切数学对象如几何学的对象可以由集合构造出来。在这个意义上，集合论是我们的元数学，各种几何学则是我们在元数学里探讨的对象数学，它们在元数学所提供的一种模型中是真的，在另一种模型中则是假的。总之，集合论的数学基础角色决定了连续统假设在性质上与平行公设不同，它可以从排中律得到唯一确定的真值的保证，我们可以有多种不同的几何学，却只能有一个集合论。然而，对于麦蒂这种可能的回应，我们还可以这样来答复：至少对于现有数学而言，充当数学基础角色的仅仅是 ZFC 下的集合论，而连续统假设却独立于 ZFC 的公理，即使我们接受 ZFC 的绝对地位，将其作为我们的"绝对集合论"，又有什么理由阻止我们在它之外或者说之上使集合论分叉呢？事实上，当代集合论学家中提倡多宇宙集合论的形式主义者（如谢赫拉），正是主张在 ZFC 判定范围以外放弃数学命题具有唯一确定的真值这种柏拉图式的想法。在这种意义上，笔者认为，麦蒂薄实在论对排中律的简单援引并不能如数学柏拉图主义一样赋予连续统假设以唯一确定的真值，至少麦蒂必须说明，连续统假设究竟在何种深刻的意义上与平行公设不同，从而应当得到不同于我们对平行公设的对待。

其次，结合麦蒂将关于存在和真理的数学哲学问题与数学方法论问题相分离的原则，我们还可以对两种来源的排中律的力量做一个更一般意义上的分析。在柏拉图主义下，由于集合的客观实在性，排中律意味着对任意的集合论命题 φ，都有 φ 为真或 $\neg\varphi$ 为真，但从数学实践所蕴含的方法论而来的排中律能有这种力量吗？笔者认为不能。排中律作为数学方法论的合法成员，仅仅意味着我们的集合理论包含任意形如"$\varphi \vee \neg\varphi$"的集合论语句（在相应语言下的），并且因此反证法可以在集合论证明中应用，但它却不能保证我们的数学理论必然包含 φ 或 $\neg\varphi$。用数理逻辑为我们提供的概念来表达，笔者的看法是，集合论方法所决定的理论等效于 $\{\varphi|\Gamma \vdash \varphi\}$［即 $\text{Th}(\Gamma)$］，而集合的客观宇宙所决定的理论等效于 $\{\varphi|\mathfrak{A} \vDash \varphi\}$［即 $\text{Th}(\mathfrak{A})$］，这里 Γ 是集合论的公理集（如 ZFC 或它的扩张），$\mathfrak{A}$ 则表示客观的集合宇宙。对于任意的集合论语句 φ，都有 $\mathfrak{A} \vDash \varphi$ 或 $\mathfrak{A} \nvDash \varphi$，但根据哥德尔第一不完全性定理,并非都有 $\Gamma \vdash \varphi$ 或 $\Gamma \vdash \neg\varphi$，虽然我们可以根据前文介绍的、主要由哥德尔和麦蒂所描述的那些方法论原则不断地寻找新的公理来加强 Γ。

综合以上两点，笔者认为麦蒂的薄实在论不能赋予连续统问题以确定答案，就像在巴拉格尔的全面柏拉图主义下，连续统假设没有唯一确定的真值一样。薄实在论和全面柏拉图主义都试图以一种平凡的方式保证数学方法的可靠性，但代价都是牺牲实在论的基本精神，在全面柏拉图主义是丢掉了数学在真值上的客观性，在薄实在论则更近于直接失去数学在对象上的客观性，集合成为集合论方法构成的东西。此外，麦蒂的非实在论与巴拉格尔的虚构主义也十分相似，麦蒂对它的实质性辩护无非指出不可或缺性论证不能驳倒它，就像巴拉格尔对虚构主义同样指出的那样，但对于数学究竟何以能在科学中应用、它所发挥的真正的认知功能是什么，麦蒂并没有给出充分的说明。这就很难让人信服，非实在论是对数学实践的一个令人满意的解释。而如果非实在论和薄实在论实际上都不能令人满意，那么麦蒂关于本体论问题不可解的论点也就失去了根基，就像巴拉格尔的同样论断所遭遇的那样。

第六章
从自然主义到数学唯名论

本章讨论当代数学哲学中比较重要的几种数学唯名论立场。与数学实在论者不同，当代的数学唯名论者几乎毫无例外地接受了自然主义①，主张在自然主义的框架下发展对数学实践的说明。实际上，通过我们在前面几章的分析已经不难看出，和实在论相比，唯名论与自然主义有一种天然的亲缘关系，这在关于抽象对象的认识论难题上体现得尤其清楚。认识论难题的一个重要假设是，人类是时空中的因果性存在，只能通过因果作用与对象发生实质的联系，而支持这一假设的正是自然主义强调要尊重的现代科学。至少初看起来，现代科学将我们生活于其中的宇宙归结为一个由物理事物构成的时空-因果系统，包括我们自身也是地球上的物质自然演化的结果，我们的心灵不过是我们的物理大脑的属性和功能。在现代科学关于宇宙和我们的这一图景下，人类如何能够获得关于抽象对象的知识，显然是不容易想象的。因此在这个意义上可以说，自然主义为数学唯名论提供了一种强大的直觉上的动机。

我们将在本章探讨的几位数学唯名论者——菲尔德、赤哈拉和叶峰，无疑都受到了这一动机的驱使。其中，叶峰甚至认为可以从关于认知主体的物理主义观点直接得到一个对数学唯名论的论证，这也是他与另外两位唯名论者不同的一个地方。叶峰与菲尔德、赤哈拉的另一个重要不同是，他试图在自然主义和物理主义的框架内提供一个对数学的系统而完备的唯名论说明，而菲尔德和赤哈拉的工作则主要围绕如何消除数学在科学中的不可或缺性这个问题展开，范围要狭窄得多。再有就是，菲尔德和赤哈拉的唯名论作为 20 世纪八九十年代的产物，已经在学界得到了相当细致的讨论，其缺陷也大都已经被指出，而叶峰的唯名论则是当代数学哲学的最新成果，其价值或问题都尚未被学界充分认识。所有这些决定了我们在本章将用更多的篇幅考察叶峰的观点，而只在第一节对菲尔德和赤哈拉的唯名论进行简略的介绍。

---

① 除非他同时是科学反实在论者，持有一种极端的经验主义立场，如范·弗拉森。但这样的极端立场在数学哲学这个专门领域并没有显著影响，至少笔者没有发现任何有影响力的当代数学哲学家持这样的立场。

　　叶峰是一个近乎体系性的哲学家，其著述范围不仅限于数学哲学，还包括心灵哲学、语言哲学、形而上学和元伦理学等广阔的领域。在所有这些领域，叶峰都试图贯彻自然主义的精神，在现代科学之认识成果的基础上思考一切问题。正如我们在第二章阐述自然主义的内涵时已经提及的，叶峰认为，接受方法论自然主义就意味着接受关于人类认知主体的物理主义，也就是要承认人类认知主体是作为物理系统的人类大脑，人类认知过程最终是物理过程。但物理主义究竟意味着什么、它究竟是不是自然主义的推论，当然是可以追究的问题，并且实际上它也是当代心灵哲学的中心议题之一。在本章第二节，我们将对物理主义做更细致的定义，区分它的几种形式，介绍围绕它的一些争论，并表明至少有一种较弱意义上的物理主义，不仅为自然主义所蕴含，而且事实上也为绝大部分自然主义者所接受，以它为前提进行我们的数学哲学讨论是完全合适的。

　　叶峰本人的物理主义立场是彻底而强硬的，但他在数学哲学上的具体观点只需假定一种较弱的物理主义立场就足够了。叶峰把物理主义视为自然主义带给我们的最重要的观点，强调它对于回答各种哲学问题尤其是数学哲学问题意义重大。比如，它意味着我们必须抛弃那些预设一个非物理主体的传统哲学概念（如先天知识、指称、真、本体论承诺等），而用相应的自然化概念（如果有的话）来替代。对这些传统概念不加反思地滥用，是一种与自然主义不相容的错误做法，犯了叶峰所谓的"我执谬误"或"小人儿谬误"（homunculus fallacy），即隐蔽地假定了一个反物理主义的认知图景：有一个"我"或"小人儿"住在大脑里，并使用大脑去认识外部世界。叶峰指出，我执谬误在数学哲学领域极为常见，其中最突出也很有迷惑性的一个例子就是蒯因。蒯因一方面明确承认人类是"物理世界中的物理居民"（Quine，1995，p.16），另一方面他的本体论承诺、翻译的不确定性、"去引号"真理论和整体论等哲学观点却预设了一种非物理的主体，犯了我执谬误，在这个意义上，叶峰批评蒯因是一个不彻底的、自身不一致的自然主义者。在本章第三节第一部分，我们将介绍和分析叶峰对蒯因的这一批评。

叶峰从彻底的自然主义出发为数学唯名论所做的正面辩护包括两个十分不同的方面：其一是由物理主义原则直接构造对唯名论的论证，其二是在物理主义框架下说明数学实践的内容。这两个方面是相互独立的，特别是后者成功与否并不依赖于前者的可靠性。事实上，我们在本章第三节第二部分将表明，叶峰对唯名论的物理主义论证并不成立，本质上还是在重复贝纳塞拉夫难题。但他关于数学的基本的唯名论立场和他在物理主义框架下对数学实践内容的说明，却仍然是我们可以继承的宝贵思想财富。叶峰对数学实践的说明，除了坚持物理主义原则外，还有一个重要的原则被强调，那就是严格有穷主义，这尤其体现在他对数学可应用性问题的解释中。在本章第三节第三部分，我们会介绍这个原则，但关于它以及数学可应用性问题的更深入的讨论，将作为回答如何更好地做一个数学自然主义者这个问题的一部分，留到第七章再进行。

第一节　菲尔德和赤哈拉的数学唯名论

不可或缺性论证强调，数学在经验科学中是不可或缺的，而数学语句指称抽象的数学对象，因此抽象对象存在。作为对这一论证的一种早期回应，菲尔德和赤哈拉的数学唯名论都力图表明，抽象的数学对象并非真正不可或缺的，我们可以发展出不承诺它们的唯名化的数学供科学使用。但在采取的具体策略上他们有所不同。首先，菲尔德的方案是碎片式的，针对特定的科学理论如牛顿的引力理论刻意发明一种唯名化的数学，并证明它对于那个科学理论是足够使用的，而赤哈拉则试图提供一种翻译或重释经典数学的系统方法，使得翻译后的经典数学不再谈论它表面谈及的那些对象；其次，菲尔德的方案诉诸几何式概念，试图用时空点和时空区域之类的对象替代实数及实数集等数学对象，而赤哈拉则采取一种模态策略，用开语句的可能构造作为其唯名化数学的底层本体论。我们下面依次对菲尔德和赤哈拉所提供的这两种唯名论观点进行介绍，并指出它们的难点所在。

菲尔德关于经典数学的基本立场是虚构主义，其要点我们在讨论巴拉格尔时已经陈述，并且事实上巴拉格尔的虚构主义正是从菲尔德这里继承过去的。但仅仅将数学对象视为虚构对象显然是不够的，虚构主义者还必须说明数学的虚构性不影响数学在科学中的可应用性。对此巴拉格尔给出了一个取巧的解释，我们已经指出了它存在的问题。相比之下，菲尔德的解释方案更严肃也更艰难，因为它涉及发明一种其语言不包含对抽象对象的任何指称或概括的所谓"唯名化数学"，并证明它对我们的经验科学理论是足够使用的。当然，菲尔德并没有奢望（我们也不会）一下子为现有的全部科学理论提供一种唯名化数学，而是选择了一个人们所熟知并且也比较容易处理的案例，即牛顿的引力理论作为示范。正如我们已经提到的，菲尔德的基本想法是用时空点和作为时空点之聚集的时空区域替代实数与实数集，重新表述经典数学的一些概念和命题，如导数和积分。时空点之间有一些初始关系，如某点在另两点之间、某两点的温度差与另两点的温度差相同等，而描述这些关系的公理则给出了关于时空点的一些结构性假设，如时空是连续和完备的。

这里人们可能会疑问，菲尔德的时空点究竟与实数有什么不同，除了名字，还考虑到它们和实数一样构成无穷的连续统，并且实际上可以与实数的四元组构成一一对应。但菲尔德坚持认为，时空点及其聚集是具体的物理对象，是与原子、夸克等理论物理实体同类的实体，因为首先它们的各方面性质如基数和几何特征依赖于物理学（尤其是引力理论）而非数学理论，其次它们的某些偶然性质如具有更大的引力，对于解释可观察的物理现象起到本质的作用。菲尔德强调，关于物理时空的这样一种形而上学假设，与假设实数这种数学对象是十分不同的，唯名论者之所以反对实数的实在性，不是因为实数在基数上的无穷或它们的那些结构性特征如稠密性、完备性等，而仅仅是因为它们的抽象性，假设不可数多的物理实体存在并不构成对唯名论的反对（Field，1980，p. 31）。

有了对牛顿引力理论的唯名化表述，菲尔德接下来的任务是要证明经典数学对于这个理论不是不可或缺的。要证明这一点，菲尔德认为只需证明经典数学对于唯名化的引力理论来说是保守的，即借用前者推导出的关于后者的结论在不用前者时也可以推导出，换言之，经典数学对于从物理理论达到物理结论仅具有简化推导的作用。更精确地说，假设 S 是一个唯名化的物理理论，M 是一个经典数学理论，称 M 对于 S 是保守的，如果对任意的唯名论语言下的语句 φ，仅当 $S \vdash \varphi$ 成立时才有 $M+S \vdash \varphi$ 成立。菲尔德给出了一个哲学的、非形式的理由和两个模型论论证来支持他关于经典数学保守性的论断。前者实质上就是巴拉格尔用来说明数学应用不蕴含数学对象存在的那个理由（但菲尔德显然享有优先权），即数学谈论的是没有因果效用的抽象对象，直观上不应该对理论的物理后承有非保守性的贡献；后者则在本质上诉诸时空点与实数四元组之间的一种结构保持性的映射，其细节可参见 Field（1980），这里不予赘述。

与菲尔德的唯名论方案不同，赤哈拉（Chihara，1990）诉诸模态概念来进行数学的唯名化重构。其基本的想法是，经典数学中对数学对象的谈论可以还原成对某种开语句的可构造性的谈论，而后者作为一种模态陈述是不承诺对象的存在的。这里所谓的开语句，是指含有个体自由变元的句子，即将其中的某个单称词项替换成变元符号的句子，例如，"x 是一个哲学家"就是一个开语句。很明显，对象与开语句之间具有一种"对……为真"的关系，赤哈拉称之为"满足"，例如，柏拉图满足开语句"x 是一个哲学家"。赤哈拉希望用对开语句的谈论替代对数学对象的谈论，比如，用对"x 是一个哲学家"的谈论替代对哲学家的集合的谈论。但现实语言能够构造出的开语句是至多可数的，因此不足以替代不可数多的数学对象。由此赤哈拉引入了模态的概念，建议只谈论构造开语句的可能性，并且这种可能性不限于任何现实的语言。赤哈拉接受蒯因的本体论承诺标准，相信"存在即约束变元的值"，但他强调对开语句可构造性的谈论使用的不是标准量词而是可构造性量词，因而没有本体论承诺。用可构造性量词表达的

句子形如 $Cx\varphi(x)$，读作"构造一个 x 满足 $\varphi(x)$ 是可能的"，显然它没有承诺 x 的存在。在赤哈拉完整的形式系统中，开语句形成了一个类似罗素简单类型论的层谱，满足 0 阶开语句的是普通物理对象，满足 1 阶开语句的是 0 阶开语句，满足 2 阶开语句的是 1 阶开语句，等等。但只有在 0 阶，量词是普通的标准量词，其他阶的量词都是可构造性量词。在这样的系统中，赤哈拉试图以类似于简单类型论的方式发展出整个经典数学，包括算术、分析、泛函分析等。

菲尔德和赤哈拉分别提供的上述两种风格的唯名论计划，一般被认为并不是很成功。它们所包含的很多问题也已经被许多学者指出。比如，菲尔德的方案至少有如下三个方面的困难：第一，它涵盖的范围很窄，限于牛顿引力理论，而同样的策略能否被推广到更复杂的科学理论上并不明显，特别地，有理由相信它不能处理量子力学中使用的一些数学[①]；第二，菲尔德认为物理时空由作为具体的物理对象的时空点构成，但这些时空点在很多方面更像是抽象对象而不是具体对象，例如，它们单个看来是没有广延和质量的，也不可以移动或分解[②]；第三，菲尔德对物理时空做了一些远远超出现有科学的结构性假定，比如他假定物理时空是一个四维无穷连续统，但从现有的物理学来看，时空是否真的无穷仍然是一个开问题。叶峰尤其强调最后一点，并指出一种合理的数学哲学应该独立于未定的科学假设，特别是在说明数学对科学的应用时不应该假定无穷的实在性，因为在科学应用中，数学往往是被应用于有穷离散的对象。这一点我们在本章第三节第三部分讨论叶峰的有穷主义原则时还会再论及。

同样地，赤哈拉的模态主义唯名论方案也面临一些难题，其中最根本的一个是，它依赖于一种很强的"数学可能性"概念。我们看到，赤哈拉所假定的开语句的无穷层谱形式上与罗素简单类型论极为相似，区别仅仅在于，开语句只是可能的，由可构造性量词约束，而类型和集合则是现实的，由普通量词约束。但要用可构造的开语句重述经典数学，保持数学语

①　参见 Malament（1982）。
②　参见 Resnik（1985）。

句通常被赋予的客观真值，就必须假定一种很不平凡的"数学可能性"概念，以证明经典数学中的那些定理在赤哈拉系统下的对应版本是真的，并允许不可判定语句如连续统假设拥有确定的真值。然而，我们如何能够认识到这种"数学可能性"概念，并不比我们如何能够认识到抽象数学对象这个问题更容易回答。这里的关键是，正如叶峰（2010，第439页）指出的，模态唯名论者所需要的可能性概念不能仅仅是逻辑可能性，"否则的话，它意味着，所有逻辑上一致的公理系统都是一样的"，这会使模态唯名论本质上退化成为形式主义。

另外，伯吉斯和罗森（Burgess and Rosen，1997）在对20世纪八九十年代兴起的各种唯名论规划进行详细评述时，还曾指出唯名论面临的一个两难处境，也可以看作是对菲尔德和赤哈拉的某种批评。伯吉斯和罗森首先提出了这样一个问题：唯名论规划即使最终能够成功，那又意味着什么？菲尔德和赤哈拉之类的唯名论者究竟是要宣称什么？对于这个问题，伯吉斯和罗森认为有两种可能的回答：一种是采取革命性的态度，即认为唯名化的数学和科学优于经典数学及其下的科学，工作着的科学家应该变革他们从事科学研究的方式，抛弃经典数学而改用新的唯名化的数学来做科学；另一种则是采取解释学的态度，主张像往常一样继续在科学实践中使用经典数学，但宣称重构的唯名化科学理论为原初的科学理论提供了底层的真实意义，尤其是表明科学并不承诺一种抽象本体论。伯吉斯和罗森认为，这两种可能的态度都是有问题的，第一种做法不符合科学标准，很难想象科学家会认为那些烦琐的唯名化科学比现行科学更好、更优越；而第二种做法则忽略了同义关系是一种对称关系，即如果经典理论意味着其唯名化重构，那么唯名化重构也意味着经典理论，同义的表达式应该共享它们的本体论承诺。

笔者认为伯吉斯和罗森以上的这个批评并不完全准确，但却有助于揭示菲尔德和赤哈拉式唯名论的一个重要的方向性错误。首先，应该没有哪个唯名论者会认为唯名论重构可以取代经典数学在科学实践中的地位，第一种可能性即所谓的革命性态度可以不考虑。其次，就解释学态度而言，针对伯吉斯和罗森的批评，唯名论者有一个可选择的自然辩解，即同义并不意味着共享本体论承诺，改写项可以提供被改写项的深层结构，正如我们在罗素的摹状词理论及其他各种还原性说明中经常看到的。当然，伯吉斯和罗森也意识到了这种可能的辩解，但强调说这是一个经验论断，需要求助于语言意义专家来裁决。在这里，问题的关键是，菲尔德和赤哈拉的重构，能够被看作是对经典科学理论的深层结构的揭示吗？

笔者认为不能。实际上，只要稍稍注意就能发现，菲尔德和赤哈拉的唯名论化科学有着明显的人为造作的痕迹，它们都是专门为了回应不可或缺性论证而被制造出来的，并没有直面数学在科学中的可应用性问题。比如，考虑流体力学中连续函数的使用，物理学家显然不会像菲尔德那样把这些函数看作是关于无穷多的时空点的一些真理，而像赤哈拉那样将这些函数视作是对某种开语句可构造性的谈论，也不能回答它们为何在这里有用。这里反映出菲尔德和赤哈拉式唯名论的一个根本缺陷，他们在回应不可或缺性论证时，将注意力完全集中在了消除科学对数学对象的指称这个表面问题上了，而没有充分意识到，真正的问题在于说明数学在科学中的可应用性，而回答这个问题必须尊重数学应用的现实实践，即仔细观察数学在科学中实际上是被如何应用的。只有按照这样的精神说明了数学的实际应用，才可以说是揭示了经典科学理论的深层结构，即数学应用的逻辑。

也正是主要出于这个理由，笔者把叶峰的唯名论与菲尔德和赤哈拉式的唯名论相区别，认为它自成一类，因为叶峰的唯名论显著地将数学应用问题当作一个独立自足的科学问题来考察，而不把它与不可或缺性论证必然联系，并且对数学应用的实际实践保持高度敏感，正如后面我们将看到的。但在正式介绍叶峰的数学哲学思想之前，我们先一般性地讨论一下物理主义及它与自然主义的关系，叶峰的数学哲学正是以物理主义为核心的工作假设。

第二节　自然主义关于心灵的物理主义推论

在当代分析哲学界，"物理主义"这个词通常作为心灵哲学的一个专门术语被使用。粗略地说，它指这样一种观点：心灵（mind，也经常被译为"心智"）就是大脑，心理过程就是大脑的物理过程，心灵或精神（mental）属性本质上就是大脑的物理属性。这里所谓的精神属性是指诸如"聪明""性格温和""感到忧伤""在思考连续统问题"之类的属性，而大脑的物理属性则典型地包括脑额叶的大小、各个脑区的神经元数目、神经元网络的结构、某些神经元的特殊激活状态等。表面上看来，这两类属性是很不同的。比如，直观上似乎很难想象忧伤仅仅是某种神经元活动。传统上，人们也确实认为精神与物质是两种完全不同的东西，正如笛卡儿的二元论集中展示的。但现代科学的巨大发展，尤其是近几十年来进化论、脑科学、神经心理学、认知科学等科学分支的迅速发展，使科学家渐渐相信，至少就功能而言，大脑可以在思维、情感、欲望等诸多方面替代心灵，或者说，传统上归给心灵的那些知情意的功能实际上是由大脑实现的。物理主义就是这种科学潮流在哲学上的反映。

对物理主义更精确的定义①涉及一个区分，即还原的物理主义和非还原的物理主义。还原的物理主义者相信，精神属性原则上可以还原为大脑的物理属性，虽然我们一般无法实际地给出还原公式，即无法给出精确的物理条件使得一个人具有某个精神属性当且仅当他的大脑处于满足那些条件的物理状态时。非还原的物理主义者则认为，虽然每个具体的精神事件都是物理的，心理过程就是物理过程，但精神属性并不能还原为物理属性，或者说，用精神词项所指称的事件种类不能还原为用物理词项指称的事件种类。非还原的物理主义者建议用"随附性"（supervenience）概念来刻画精神属性与物理属性之间的关系，认为前者在如下意义上随附于后者：如果两个实体具有完全相同的物理属性，那么它们就必然地具有完全相同的

---

① Stoljar（2017）包含对物理主义之基本含义的一个细致介绍。

精神属性。这里暗含的假设是，随附性是弱于可还原性的一种关系，物理主义者只需要接受随附性论题，而不必主张一种原则上的可还原性。还原的物理主义与非还原的物理主义之间的这一分歧，可以推广到更一般的范围，比如对于生物学属性，也可以区分还原主义与非还原主义两种观点，既可以认为生物学属性原则上可还原为物理属性，也可以认为生物学属性只是随附于物理属性而不能还原。

应该说，还原的物理主义和非还原的物理主义在定义上都有易受攻击之处。还原的物理主义者使用了"原则上可还原"这样一个有些模糊的概念，而非还原的物理主义者的随附性概念的严格定义则涉及形而上学模态性，后者本身的性质不是很清楚。不过，相比于非还原的物理主义，还原的物理主义可能有两个实用上的优点：首先，"原则上可还原"对于普通科学家来说是一个熟悉的概念，比如，物理学家会说自然界中的力原则上可还原为四种基本力（即引力、电磁力、弱作用力、强作用力），生物学家会说蛋白质原则上可归结为某些种类的原子的特定排列，等等；其次，强调精神属性的可还原性可以更积极地鼓励一些特殊的研究，如心灵哲学中对概念表征自然化问题的研究，因为如果假定精神属性一般地不可还原，那么概念表征自然化也就不可能成功（因为拥有一个概念如"猫"的概念，显然是一个精神属性），这方面的研究尝试就会被当作徒劳而放弃。当然，这些理由并不能构成对非还原物理主义者的不可还原性论题的反驳，事实仍然可能是，精神属性不能还原为物理属性，而是以一种混沌的方式随附于物理属性。

我们在这里不必更深地介入还原的物理主义者与非还原的物理主义者之间的争论。只需知道，作为物理主义者，他们都承认具体的精神事件等同于大脑的物理事件，也相信大脑的精神或心智属性在某种意义上随附于大脑的物理属性。对于我们来说重要的问题是，以上这种关于心灵的物理主义是不是自然主义的自然推论？接受自然主义是不是就意味着应该接受物理主义？按照我们在第二章的分析，自然主义的基本精神是信任科学方法，这意味着我们应当接受现代科学关于宇宙和人的基本结论。那么问题就归结为：物理主义是现代科学的结论吗？

在现代科学的标准图景中，宇宙是一个因果封闭和能量守恒的自足系统，作为自然类的人是物质演化和生物进化的结果，作为个体的人是由一个受精卵发育而来的，承担人的语言、认知和意欲等功能的则是人的大脑，它由上千亿个神经元组成。毋庸置疑，从这样的图景看，至少物理主义的基本层面是现代科学所肯定的，即心灵就是大脑，而大脑是一个复杂的物理系统。有些自然主义者如叶峰（2012）甚至相信，现代科学的主流观点实际上反映了还原的物理主义的立场，即它包含着关于精神属性原则上可还原为物理属性的论断。这一点可能是有疑问的，因为普通科学家通常对属性还原这种微妙的哲学问题不敏感，这从他们在心理学研究中往往不加限制地使用精神词项谈论大脑就可以看出。例如，他们会说一个大脑有悲伤的感受或在做算术计算等，而一般不明确断定精神属性等同于大脑的某种物理属性，虽然他们研究的核心内容之一就是这些精神属性与大脑的物理属性（如神经元状态）之间的关联特征。但无论如何，当代的科学家普遍相信，执行心灵功能的就是大脑，心理过程就是大脑的神经元过程，并在这样的假设下从事心理学研究，这点是可以确定的。尤其是当代的认知科学家，他们甚至常常将心灵视同于一个表征-计算的信息处理系统，与计算机没有本质的区别。

不过也应当承认，并非所有的自然主义者都是物理主义者，其中主要是所谓的属性二元论者，如著名的澳洲哲学家 Chalmers（1996）就是一位典型的代表人物。属性二元论者作为自然主义者，也接受现代科学的一些基本结论。例如，人是自然进化的结果，承担人的认知和意识功能的器官是大脑，等等。但他们同时认为，大脑有一些本质上非物理的属性，即现象意识属性，它们既不能还原为物理属性，也不必然随附于物理属性，要确定它们与物理属性之间的联系，必须借助于一些原则上独立于物理定律的新型自然律。这里所谓的现象意识属性，是指大脑拥有的一些主观感受（qualia），如看到红颜色的感受、听到流水声的感受、恐惧的感受等。属性二元论者强调，这些感受具有一种不可还原的主观性，因而不能完全还原为物理属性。这里需要注意区分大脑感受的功能性方面和主观感觉方面。属性二元论者通常并不反对功能性心智属性如概念生成、推理和记忆的可还原性，也相信仅就其认知和行动上的功能而言，颜色视觉感受、恐惧的感受等可以得到神经元角度的解释。但他们指出，功能不是感受的全部，感受还有一种无法言传的生动的质料上的特征，那是一种纯粹主观的感觉，只在第一人称视角下显现，而无法还原为大脑神经元的物理属性。比如，一个高级人工智能系统也许可以实现红色感受或恐惧感受的全部功能，但它却不会知道红色感受或恐惧感到底是什么样子的。

从这样一种直观的想法出发，属性二元论者构造了一些精致的具体论证来反驳物理主义，为现象意识的非物理性辩护。其中最有影响的两个是知识论证和模态论证。知识论证又称"黑白玛丽屋论证"，它让人们设想一个叫"玛丽"的科学家从小生活在一间只有黑白两色的屋子里，她通过书籍、黑白电视等习得了关于物理世界的全部知识，包括关于大脑神经元网络的完备知识，但却从未看见过红色。有一天她走出了黑白屋，看见了一个红色的西红柿。直观上，她似乎获得了一个新知识，即知道了拥有红色感受是一种什么样的感受，并且这个知识显然不是物理知识，因为后者在她走出黑白屋以前就已经被她全部掌握。属性二元论者认为，这就证明红色感受不是物理属性，关于它的知识也不是物理知识。知识论证是一个比较浅白的论证，相比之下，模态论证难解得多，因为它涉及一个复杂的背景概念，即克里普克提出的形而上学模态性概念。所谓形而上学模态性，是指源于自然类或属性的自身同一性的模态性。例如，水这种物质的自身同一性由水的分子结构 H_2O 决定，因此水必然地是 H_2O，或者说水不可能不是 H_2O，H_2O 是使水成为水的东西。换言之，H_2O 构成了水这个物质种类的本质，我们不能设想水不是 H_2O，因为那等于是在设想水不是水而是另一种物质。借用这样的模态概念，模态论证大意可表述如下：我们可以设想一个"无意识人"或"僵尸"，他和某个现实的自然人在物理结构包括神经元状态上没有任何分别，但却没有后者所拥有的任何现象意识或主观内在感受，这意味着在形而上学的模态性意义上，拥有同样的神经元状态却没有相应的现象意识是可能的，因此现象意识就不能等同于神经元状态，而是某种非物理的属性。

对于知识论证和模态论证，物理主义者已经有了一些相当成熟的回应。特别地，叶峰（2012）对这方面的工作做了总结和改进，阐明了物理主义者如何圆满地回答这两个论证。叶峰还指出，属性二元论者用来支持属性二元论的最实质性的理由，其实是现象意识看起来具有的那种不可还原的主观性，但人们关于自己直观上有主观感受的信念，实际上隐含地假定了实体二元论的观念，是从一个非物理主体的视角得到的，它支持的是实体二元论而非属性二元论。属性二元论将主观感受归给大脑而不是一个非物理的主体，是和物理主义同样反直观的一种观点。所不同的是，物理主义者在物理主义框架下可以融贯地解释现象意识，将所谓的不可还原的主观性看成来自"我执"的幻觉，而属性二元论者则不得不走向一种奇怪和有待说明的世界观，比如，他们不得不认为简单的物理系统如温度计也有自己的主观感受或现象意识属性。[1]

不过，我们在这里没有必要对物理主义与属性二元论之间的争论做出裁决，因为即使接受属性二元论的观点，也不影响本书在数学哲学方面的分析和论证。特别地，数学实在论所面临的认识论难题和我们后面即将讨论的叶峰关于数学唯名论的物理主义论证，其有效性都与属性二元论的观点没有本质关联。这不仅是因为大多数属性二元论者也同意概念表征、记忆、猜想、推理、计算等认知功能可以由大脑的物理装置即神经元网络来实现，更主要地是因为现象意识属性自身的特点决定了它们无法对数学知

---

① 参见叶峰（2016，第 326-340 页）。

识做出贡献。这里的关键是，即使对于属性二元论者而言，认知的主体也仍然是时空和因果关系中的大脑，而不是超自然的心灵，只是大脑（以及其他物理实体）被赋予了一种不同于神经元属性的现象意识属性罢了。对这些现象意识属性的察知，会提供一些新知识，但仅仅是关于主观感受的知识，很难想象这样的知识，如对红色的感受、恐惧的感受的主观知识，能为数学知识提供什么。属性二元论如果是真的，它在认识论上的确会有一个严重的后果，即我们必须承认我们现有的科学方法有一个严重的不足，因为它一般地不能探知物理对象（如石头、温度计）的现象意识属性，而只能以因果、结构、功能的方式描述这个世界，但这对数学知识没有丝毫影响。因为数学对象似乎谈不上有什么现象意识属性，并且就像结构主义者特别强调的，数学关注的也不是作为个体的数学对象的内在属性，而仅仅是对象系统所展示出的结构性特征，如自然数序列的无穷上升链结构、实数构成的无端点稠密完备线性序结构等。

第三节　叶峰的数学唯名论

一、对蒯因自然主义的批评

从自然主义出发，叶峰首先得出了关于心灵和认知主体的物理主义结论，进而又得出了关于数学的唯名论结论。但我们看到，同样是从自然主义出发，甚至同样也承认人类是"物理世界中的物理居民"（Quine, 1995, p. 16），接受关于认知主体的物理主义，蒯因却得出了完全相反的结论，即数学实在论的结论。造成这种状况的原因是什么呢？叶峰对这个问题的回答是：蒯因虽然自认为是自然主义者和物理主义者，但他却使用了一些与自然主义和物理主义不相容的概念，尤其是他的"本体论承诺"概念和紧缩论的"真"概念，让蒯因的自然主义表现出一种严重的不彻底性，而之所以会如此，又是因为蒯因不自觉地采取了关于认知主体的反物理主义的图景，犯了人类本能地倾向于犯的"我执"谬误。①

叶峰认为，在自然主义图景下，一切概念都应该自然化。例如，概念、思想和信念等应该是大脑中的神经元结构，语义指称关系和"真"应该是大脑神经元结构与事物之间的物理联系，等等。而蒯因使用的很多哲学概念，都是没有自然化甚至不可自然化的概念。比如，考虑蒯因的"本体论承诺"概念。它是针对一个理论而言的，按照自然主义，一个理论不过是大脑中的一些思想，亦即一些神经元结构，所以本体论承诺应该是大脑神经元与事物之间的一种关系。并且，说一个理论承诺了什么存在，预设了这个理论在某种意义上是成功的或正确的，因此本体论承诺关系应该是像语义表征关系一样允许错误的一种意向性关系。但目前的意向性自然化理论，都只能容纳具体事物，依赖于事物与大脑之间的因果联系，而本体论承诺关系却被认为是理论与各种对象，包括抽象对象之间的一般关系，对象是否被承诺仅决定于它是否是理论的一阶变元的值。因此，本体论承诺是一种未被自然化且看不出如何能够自然化的关系。

再如，考虑蒯因的紧缩论的真理论。这个理论又称"去引号真理论"，它断言我们关于"真"可以说的重要的一切都包含在下述形式的语句中："S"是真的，当且仅当 S。在这里，S 是任何一个陈述句。一个常用的具体实例是，"雪是白的"是真的，当且仅当雪是白的。蒯因及去引号真理论的其他支持者认为，上述形式完整地刻画了"真"谓词，结合我们的科学理论所接受的其他一些论断如排中律，可以导出我们在科学理论中能够发现的"真"谓词的所有功能和性质，如引号消去、概括、真理的绝对性、真理与可证实性不同，等等。但是，根据叶峰的观点，自然主义图景下的"真"应该是大脑中的神经元结构与事物之间的一种复杂的自然关系，即一种自然化的意向性关系，对它进行刻画是自然主义者的一个重要且艰巨的任务。去引号真理论只是罗列了科学理论中"真"这个谓词的使用现象，而并未对其做出解释，甚至根本谈不上是一个关于"真"的理论。并且这种处理

---

① 叶峰对蒯因自然主义的系统分析和批评参见叶峰（2010），第九章。

方式还会掩盖一些重要的差别，特别是，它使蒯因将数学语句的"真"与表示具体事物之事态的"真"同等看待，以为数学语句的"真"承诺抽象对象的存在，而没有意识到数学的"真"是难以自然化的。

叶峰用以上两个例子说明蒯因的自然主义是不彻底的，甚至是自身不一致的。接着，叶峰尝试给出对这种状况的成因的一个心理解释，那就是蒯因无意识地接受了一种非自然主义的认知图景。我们知道，在自然主义的认知图景中，认知主体就是大脑，而不是藏在大脑后面、以大脑为工具认识所谓"外部世界"的非物理的心灵。与此相反，在非自然主义的认知图景中，认知主体被设想成：

> 一个与"外部世界"相对立、在世界之外观照世界的主体。认知主体以感官、大脑为通道去获得关于"外部世界"的感觉材料，并用内在的观念（idea）、概念、思想、语言等，构造一个描绘"外部世界"的"内在图画"。主体与所谓的"外部世界"是被隔离开的，而且是被设想为某个可以"利用"大脑的东西，而不是大脑本身。而且很多哲学家相信，认知主体不能"跳出自己"去直接比较"内在图画"与"外部世界"，来断定它们之间是否相符……因此他们对实在论的真理观持怀疑的态度，他们声称我们只能认识一个概念化了的世界，而不能超出所有概念框架去询问一个"内在图画"是否就是世界的本来面目。还有，既然认知主体不是物质的，那么认知主体也不与世界中的物质性的对象有任何特别的联系。从"认知主体"的角度看，物质对象与抽象对象都是"外部世界"中的对象，它们之间没有本质的区别。（叶峰，2010，第469页）

叶峰指出，蒯因那些在自然主义图景下缺乏清晰意义的概念，在非自然主义的认知图景下却很容易理解，因为在此图景下主体不能跳出自己直接接触对象，而只能用语言和理论指称和承诺对象，"真"也只能以内在化的方式被谈论，即像"去引号真理论"那样简单罗列"真"谓词在科学理论中的用法。但对于一个彻底的自然主义者来说，指称和真都是大脑与事物之间的真实而复杂的物理联系，必须被自然化地看待。

另外，叶峰还强调，也正是在非自然主义认知图景下，蒯因才会得出抽象对象和物理对象一起被整体地证成这样的结论：认知主体用包含数学的整个科学理论描述"外部世界"，通过验证理论的可观察后承证成整个理论，理论所承诺的所有对象一起得到证成。但在自然主义认知图景下，理论并不是简单地如图画般平面式地对应事物的，而是分成不同的层次。比如，区分对应实际事物的实际思想和虚构性的抽象思想，整体论至多意味着大脑在接受理论时捆绑式地接受其中的这两类思想，但与认识或证成抽象对象的存在性无关。

叶峰在这里为我们提供了反驳蒯因式整体论的又一思路，它不同于我们在第三章考察的麦蒂所提供的思路。它提醒我们注意，认知主体是时空中的一些具体的大脑，整体论仅仅关乎大脑的工作方式，但无论大脑如何工作、它如何能与抽象对象发生联系都必须得到说明。人们只有站在一个超自然的主体的角度试图将大脑中的概念投射到"外部世界"时，才会认为数学概念表示"外部世界"中的抽象对象。蒯因关于科学确证的整体论图景，是一种违背自然主义精神的认知图景。

这个思路也许还可以被进一步发挥。当蒯因将科学理论作为一个无所不包的整体考虑其证成问题时，可能就已经背离了自然主义，因为他隐含地把自身置于具体的科学理论之外了，他不再是诺拉特之舟上的一个忙碌的水手。站在科学内部思考问题的人，也许会问有什么理由相信黑洞的存在，或者有什么理由相信存在勒贝格不可测的投射集，甚至会一般地追问物理学家和数学家通常是怎样为自己的信念辩护的，等等。但他不会问或不应当问整个科学理论是如何被证成的。追问整个理论的证成，意味着不把主体设想为此时此地的具体的大脑，而是设想为一个科学所描述的世界之外的形而上的"我"，这个"我"通过科学理论来看世界，从它的角度可以追问科学理论是不是与外部世界相符或如何被证成为与世界相符。

二、对数学唯名论的物理主义论证

按照前面的介绍，叶峰认为自然主义蕴含着关于人类认知主体的物理主义，而一个自洽的物理主义者应该谨慎地重审传统上惯用的哲学概念的有效性，确定它们是否与物理主义相容。比如，按照他的分析，当主体是作为一个生物物理系统的大脑时，诸如"抽象对象""指称抽象对象""假定（或承诺）抽象对象""认识关于抽象实体的事实"之类的概念就不再有意义了。从这个思路出发，当然可以为数学唯名论做出一种辩护，但叶峰还提出了一个对数学唯名论的更直接的物理主义论证，这个论证不是通过上述思路进行的。之所以这么做，是因为上述唯名论论证思路"需要提供对指称或知识的一个物理主义的说明和关于指称或知识的一个能将抽象实体排除在大脑所能指称和认识的实体类之外的必要条件"（Ye，2010a，p. 133），而这并不容易办到，它也是支持唯名论的传统的贝纳塞拉夫式论证的弱点所在。换言之，叶峰想要提供的是一个不依赖于关于指称或知识的物理主义理论的对唯名论的论证，而如果成功，他所得到的就将是一个优越于贝纳塞拉夫式认识论论证的对数学唯名论的论证。

叶峰对数学唯名论的物理主义论证基于一个十分简单的观察：在物理主义下，对大脑认知活动（包括纯数学的实践和它在经验科学中的应用）的一个完整的物理描述，不包含任何关于大脑指称（或承诺）的这样或那样的抽象实体的陈述。关于这点，叶峰写道：

> 考虑这样一个大脑 B，它正在一个物理学实验室里进行数学推理并将数学应用于物理事物。想象有一天科学家能够描述 B 中的神经元活动的全部细节，以及实验室中其他物理事物的细节。也许在现实中人类永远无法做到这一点，但我们可以想象有一个理想的理智体能够做到。同时要注意，这并不要求给出联结精神谓词和物理谓词的定律。所涉及的仅仅是描述发生在那个实验室里的一个具体的物理事件殊型……这将是对物理世界中与 B 在那一场景中做数学和应用数学相关的一切的一个完整的物理描述。B 在使用数学词项，但在这个完整

的物理描述中，我们不会说那些词项……指称或语义地表征哪些抽象对象。实际上，我们在这个完整的物理描述中不使用任何语义概念。我们只是描述那些神经回路系统的结构，它们如何与大脑中的其他神经回路系统互动、它们如何控制身体与实验室中的仪器互动，以及这些仪器又如何进一步与实验室中的其他物理事物（如原子、电子等）互动。(Ye，2010a，pp. 136-137)

正如叶峰自己意识到的，有人可能会认为上述观察是一个平凡的事实，因为关于大脑的物理描述当然不会包含非物理的语义概念，"指称抽象实体"是一个精神性质，很自然地不会出现在对大脑的物理描述中。但叶峰强调，只有当认知主体是非物质的心灵或先验自我之类的非物理事物时，语义概念或精神谓词才可能出现在对这个主体的认知活动的描述中，而关于认知主体的物理主义则保证，对大脑认知活动的物理描述就是对人类主体的认知活动的完整描述，正是物理主义使得语义概念或精神谓词在对主体认知活动的描述中成为多余的东西。而一旦接受了关于认知主体的物理主义，叶峰也承认，上述观察就是十分明显的了。不过虽然明显，但很多自诩为物理主义者的哲学家如蒯因却没有充分地意识到它，否则他们就不会认为数学实在论可以与物理主义相容，叶峰如是评论。

这样我们似乎就可以推断说，叶峰相信从上述的这个观察能够直接导出数学唯名论的结果，即

N_1：因为对大脑的认知活动的完整描述中不包含关于大脑指称抽象实体的陈述，所以抽象实体不存在。

然而只需稍稍反思，就会发现 N_1 这个论证是有问题的。这是因为，在对大脑认知活动的描述中也不包含关于大脑指称苹果、原子、电子等物理实体的陈述，而这就意味着，我们可以模仿 N_1 得到一个关于物理实体的类似论证：

P_1：因为对大脑的认知活动的完整描述中不包含关于大脑指称物

理实体的陈述，所以物理实体不存在。

叶峰显然不会接受 P_1，因而他特意强调说自己的论证并非 N_1。他试图避免使用"抽象实体"这种术语来定义数学唯名论，他不按惯常的做法把数学唯名论理解为"自然数、集合等抽象的数学实体不存在"这一论点，而仅仅将其刻画为如下立场：

> N_2：大脑接受一个数学语句仅仅是一个物理事件，数学语句本身（作为神经回路或墨迹等）也仅仅是与其他物理事物物理地互动着的物理事物，对它们的完整描述就是对大脑与这些语句相关的认知活动的完整描述。

可是，N_2 与数学实在论有什么矛盾呢？如果叶峰仅仅是要为 N_2 辩护，而不是为数学哲学家通常谈论的数学唯名论辩护，那么数学哲学家根本无须关心这一辩护成功与否。进一步说，蒯因等自然主义者完全可以接受 N_2，同时坚持认为数学对象存在。换言之，除非 N_2 在某种意义上蕴含着数学对象不存在这一结论，N_2 对通常意义上的数学实在论就没有任何威胁。但如果 N_2 确实蕴含着数学对象不存在，那似乎就意味着退回到 N_1，从而必须应对前述的那个挑战，即为何不否认桌子、原子等物理实体的存在。笔者认为，这一两难处境就是叶峰从关于认知主体的物理主义导出数学唯名论的企图所面临的根本问题。

我们在这里不考虑第一种可能性，即 N_2 对数学实在论毫无威胁，因为那已经意味着叶峰的论证失去了其旨趣和意义。我们只考虑在承认 N_2 与数学实在论矛盾的前提下，N_2 是否意味着退回到 N_1。

叶峰用 N_2 替代 N_1，其目的是避免 P_1，但模仿 N_2 我们立即可以得到：

> P_2：大脑接受一个物理学语句仅仅是一个物理事件，物理学语句本身（作为神经回路或墨迹等）也仅仅是与其他物理事物物理地互动着的物理事物，对它们的完整描述就是对大脑与这些语句相关的认知活动的完整描述。

如果 N_2 意味着数学语句字面上谈及的那些数学对象并不存在，那么基于同样的理由，P_2 是否也意味着物理学语句字面上谈及的那些物理对象不存在，从而实际上就等于退回到 N_1 了呢？笔者认为，在某些情况下不是，但在另一些情况下是。

设 $A(a)$ 是一个物理学语句，a 是它谈及的一个物理实体。在对大脑接受 $A(a)$ 的相关认知活动的完整描述中，如果 a 出现了，即 a 是与作为物理事物（神经回路、墨迹等）的语句 $A(a)$ 互动着的物理事物之一，那么 a 的存在性就和大脑里的神经元一样不受 P_2 的影响，a 与 $A(a)$ 之间的这种物理联系甚至可能恰恰是构成直观上的指称关系的实在内容的一部分；但如果 a 没有出现，即 a 不是与语句 $A(a)$ 物理地互动着的物理事物之一，那么 a 的存在性就和抽象对象处于同样的处境了，后者因其抽象性显然不会与作为物理事物的数学语句发生任何物理的互动。现在的问题就在于，是否有这样一些物理实体，它们与谈及它们的物理学语句之间并没有任何物理的互动，或者说没有任何能够出现在相关的物理的认知描述中的互动联系，正如数学对象与谈及它们的数学语句之间没有物理互动一样。笔者认为答案是肯定的，例如，考虑光锥之外的物理事物、平行宇宙等物理学上与我们人类在因果上隔绝的东西，难道因为它们与人们的大脑中的神经元之间没有任何现实的物理联系，人们就可以断然否认它们存在的可能性吗？这恐怕是不能的。因此至少在某些情况下，N_2 要面临与 N_1 一样的那个难题。

总结以上分析我们还可以说，为了使 N_2 不倒退回到 N_1，必须要求一切物理事物都出现在对相关语句的认知描述中，即与那些语句处于某种物理的互动中，而这实际上正是反对数学实在论的贝纳塞拉夫式论证所面临的问题。也就是说，即使我们对刚刚提到的那些具体反例（光锥之外的事物、平行宇宙）的合理性仍然存有疑虑，按照上述分析，叶峰的论证也已经失去了他所宣称的优点，也就是说，它没有相对于贝纳塞拉夫式论证的显著优越性。因此，笔者认为叶峰从关于认知主体的物理主义直接导出数学唯名论的企图是不成功的，他所提供的论证无法成为从自然主义通向数学唯名论的一条捷径。这也部分地解释了为什么蒯因、伯吉斯、麦蒂等自然主义者没有意识到这条捷径，因为考虑到它是如此明显。

三、在物理主义和严格有穷主义原则下对数学实践的唯名论说明

拒斥叶峰对数学唯名论的上述特殊的物理主义论证，并不影响我们接受叶峰关于数学的唯名论立场。事实上，叶峰真正重要的数学哲学工作不是那个物理主义论证，而是他在唯名论前提下对数学实践的诸方面所做的系统说明。这一说明能够提供远比那个物理主义论证更令人信服的对数学唯名论的辩护。叶峰对数学实践的唯名论说明遵循两个重要的原则：其一就是关于认知主体的物理主义，其二则是他所谓的"严格有穷主义"，它们可被看作叶峰的唯名论数学哲学的定义性特征。关于物理主义我们在前面已经进行了详细论述，它要求我们承认认知主体就是人的大脑，承认概念、思想等心理实体就是大脑中的神经元结构，而"真"也是神经元结构与事物之间的一种自然联系，等等。至于严格有穷主义，先前我们还只是简单提到，现在有必要对它的内涵再多解释几句，之后我们会介绍叶峰在这两个原则下对数学的说明。

在叶峰看来，很多哲学家在回应不可或缺性论证并为数学唯名论做辩护时，都承诺了某种无穷的真实性，无论是实无穷还是潜无穷。比如，按照我们在前面的介绍，菲尔德为了满足经验科学的应用需求而构造的唯名论数学，就实质性地假设了时空由不可数无穷多个点构成，而赤哈拉虽然没有直接假定无穷对象的存在，但却假定了无穷乃至不可数无穷是数学上可能的。然而，叶峰认为，在解释经典数学是什么尤其是它为什么可应用时，做这样的假设是极其不合适的。关于这点他写道：

> 从物理学的角度说，宇宙在宏观上是有限的，而微观时空结构也有可能是离散的。如果宇宙是有限的和离散的，那么它意味着宇宙间

总共只有有限多的具体事物。假设无穷，哪怕是潜无穷，就是假设了抽象事物的实在性。微观时空结构是否离散，当然在物理学中还只是一个未定的假说，但要点是，一种数学哲学应该独立于一个今天还未确定的物理学假设。经典数学不仅仅被应用在物理学中，它还被应用在经济学等其他领域中，其中所应用的对象显然是有限的和离散的，与时空结构是否连续无关。而且，即使有一天所有的物理学家都接受了时空结构是有限的、离散的这一假设，可以想象，科学家还是会同样地应用经典数学于物理学或经济学中。更进一步说，所有今天的科学理论，包括牛顿物理、相对论物理与量子物理等，都仅仅在有限的范围、有限的精度内是准确的。普朗克尺度（约等于 10^{-33} 厘米）以下的空间结构，已经超出了我们今天所能认识的范围。所以，实际上今天所有的经典数学的应用，包括在物理学中的应用，都是对有限事物的应用，与经典数学在对象明显为有限的、离散的经济学中的应用没有实质性的差别。如果一种数学哲学理论，在解释经典数学是什么、为什么可应用时，需要依赖时空的无穷性这样的物理学假设，那么这种哲学一定错过了关于数学的一些本质性的东西。（Ye, 2007, p. 5）

自然主义要求我们信任和尊重科学，而现代科学的成果不仅将人类刻画为一个物理的认知主体，也越来越拒斥牛顿物理学关于时空的无穷性假设。即使时空在微观结构上最终是无穷的，现代科学中目前使用的无穷数学也基本上是应用于有穷的、离散的物理对象，因此在有穷主义框架下说明数学应用就是十分必要的。叶峰对有穷主义原则的强调不仅局限于说明数学的可应用性这个问题，他还用它加强了关于数学的认识论难题，即人类作为时空中的、因果的、有穷的存在物，如何能够认识无穷的抽象对象？也就是说，与人们对认识论难题的通常表述不同，叶峰不只强调人类认知主体的时空性和因果性，还特别强调人类认知主体的有限性。这种有限性是由现代科学对人类的描述保证的，比如，按照现代科学，人的大脑虽然包含上千亿的神经元，但仍然是有限的，人的经验活动范围，他能看到和听到的东西，也都是有限的。在叶峰看来，这样一个有限的存在，如何能够认识无穷的数学对象，哪怕仅仅是实无穷的数学可能性（如赤哈拉所假定的），是一个难解的谜。另外还应当注意的一点是，叶峰的有穷主义是严格的有穷主义，即他不仅拒斥实无穷，连潜无穷或任意大的有穷也不接受，因为在现代科学描述下，人类认知主体是严格有穷的物理系统，经典数学在科学中的应用也都面向严格有穷的对象。

从物理主义和有穷主义这两个原则出发，叶峰给出了一个对人类数学实践的相当系统和完备的说明，包括数学语言的意义、数学知识的内容、数学的客观性、数学的可应用性，等等。[1]叶峰的说明从关于指称和真的自然化理论开始。[2]根据叶峰，在物理主义图景下，指称和真应当是大脑中的神经元结构与环境中的具体事物及事态之间的物理联系，没有原则上不可还原为这种物理联系的意向性关系，而大脑中的数学概念和数学思想显然不表示具体事物和事态，因此它们不表示任何对象和事态，而是一些纯粹的想象或虚构。但不表示事物并不意味着它们没有意义或没有认知功能，表示事物只是认知功能的一种，描述数学语言的意义就在于描述数学概念和数学思想的非表示性认知功能。叶峰将可直接表示具体事物和事态的概念及思想称为"实际概念""实际思想"，将不直接表示具体事物和事态的概念及思想称为"抽象概念""抽象思想"。

叶峰认为，在人类数学实践中，真正存在的、在数学应用中被当作工具使用的正是这些抽象概念和抽象思想，它们是我们想象数学对象时在大脑中创造的内在表征，是大脑中的一些特定的神经元结构。这些内在表征

---

① 详细内容参见叶峰（2010），第二章。
② 应当注意，提供关于数学的自然主义唯名论说明与直接为唯名论做论证不同。直接论证唯名论应当尽量避免做太多的假设，以使论证更有力，比如，在叶峰对唯名论的物理主义论证中，叶峰试图只假定一种较弱的非还原的物理主义，而避免假设精神属性对物理属性的可还原性。但要在自然主义框架下正面说明数学实践，则应当充分利用自然主义的全部推论，如关于指称和真的自然化理论，以使说明尽量彻底和完备。这种说明如果成功，则能够间接地为数学唯名论提供辩护，因为它至少证明对数学的一种融贯而完备的唯名论理解是可能的。

与小说家在想象虚构人物时在大脑中创造的内在表征一样，不直接表示具体事物，但它们能以间接的、更灵活和更一般的方式与具体事物相联系，从而发挥重要的认知功能。有穷数学概念和数学思想可以相对直接地翻译为关于具体事物的概念和判断，例如，数词 7 与度量单位词结合可构成表示具体事物属性的概念 "7 个" "7 米" "7 千克" 等，而抽象思想 7+5=12 可以翻译成 "7 个苹果加上 5 个苹果是 12 个苹果" 这样的实际思想。无穷数学不能这样翻译，但叶峰认为，我们将无穷数学应用于有限事物时实际上是在用无穷想象近似地逼近有限事物，用来构造关于极其复杂的有限事物的简化的模型，无穷数学的应用原则上都可以还原为有穷数学的应用，而他关于数学应用的一些技术性工作则试图表明，无穷数学原则上可以在有穷框架内发展或模拟出来。除了与具体事物相联系从而发挥应用功能，数学概念和思想还有推理角色功能，这是基于它们与实际概念和思想类似的逻辑结构的，该功能在纯数学中表现尤其突出。

叶峰将数学理论视为一种概念想象或虚构故事，但对此人们可能会有疑虑，因为想象和虚构有很大的随意性，而数学显然不是随意的，它是一门有着严格规范的科学。对于这种担心，叶峰一方面强调虚构作品也可以表达关于真实事物的真理，例如，小说能揭示社会问题和人性，物理学经常谈论质点和理想气体等虚构事物；另一方面，他努力阐明了数学不是随意编撰的故事，与一般故事有重要的区别，比如，首先，数学想象常常以模拟具体事物为目的，这在算术和几何中尤其明显，其次，数学故事中的概念力求精确、严密，而模糊、具体的东西都被抽象掉了。

更一般地，叶峰试图表明，我们直观上所承认的数学实践中的客观性，可以在自然主义框架下得到说明，而无须假设作为抽象实体的数学对象的存在。叶峰区分了数学实践中的三种客观性：其一是数学思想与具体事物之间的某种间接应用关系的客观性，其二是不同大脑中的数学概念的客观相似性和可交流性，其三是大脑在进行数学想象时的客观性。这最后一种客观性，也就是对我们构造数学概念和思想的客观限制，具体说来主要包括两点：首先，给定特定的应用目的，我们能接受的数学概念和公理会受到相应的限制。例如，为了想象一些能用来表示具体事物数量属性的个体，很可能我们所能想象的就只能是像自然数那样的事物。其次，给定大脑的先天内在结构和大脑外部环境条件的制约，我们所能构造的足够清晰的数学概念也将受到一些客观的限制。例如，我们不能想象物体既是方的又是圆的，甚至也不能清晰地想象具有波粒二象性的微观粒子等。关于我们的数学想象所受的这种客观限制，叶峰有一段经典的论述也许值得完整摘录：

> 这好比一个作家在构思一个故事时，会说故事中的人物有自己的生命，这是指构思故事以表现真实人物的目的，以及真实存在着的人物的客观规律性，使得作家只能以一种方式去虚构故事。同样，我们只能以遵循经典逻辑与算术规律的方式，来直接地想象稳定的、有自身同一性的个体。比如，我们不能直接地想象量子论层次上的、非经典的、不确定的微观实体。因此，我们的想象也必须遵循经典逻辑与基本的算术原理。我们的想象能力也限制了我们对无穷的想象，即我们只能依据对有穷世界的经验，去想象如何超出任一有穷范围，而不预设一个边界。数学的客观性及逻辑与算术等的先天性和必然性，可以通过考察由大脑的先天结构决定的我们的想象能力的界限来解释。

（Ye，2007，p. 14）

叶峰对数学实践的自然主义唯名论说明的另一个重点内容是解释无穷数学的可应用性，但关于它我们留待第七章再讨论。笔者相信，以上所简略介绍的叶峰对数学实践的说明，已经足以让人们对叶峰数学哲学的建设性方面有一个比较全面的了解。并且笔者认为，与叶峰的物理主义论证不同，叶峰对数学实践的上述唯名论说明几乎可以被全盘地继承。这与我们考察的另外那些自然主义数学哲学形成了鲜明的对比，我们对那些自然主义都提出了强烈的批评意见。不过，对于叶峰的物理主义和严格有穷主义原则，笔者也不是毫无保留地接受的，笔者在第七章将试图表明，某种稍弱的立场也许可以被维护，它依然是数学唯名论的，但避免假定叶峰式的强还原的物理主义，并对有穷主义原则也指出一种微调的可能。它们构成了我们对如下这个问题的回答的一部分：如何更好地做一名数学自然主义者。

第七章
结论：如何更好地做一名数学自然主义者

　　在本书前面的章节中，笔者着重介绍并分析了蒯因的自然主义数学哲学和后蒯因自然主义的三种主要形式。笔者的中心关怀始终是数学本体论问题在自然主义框架下有着怎样的答案：作为抽象实体的数学对象是否存在？数学是不是一种客观真理？我们看到，当代数学哲学领域的自然主义者对于这个问题意见纷呈，态度极不统一，他们中既有支持实在论的，也有支持反实在论的，还有为某种取消主义的折中立场辩护的。通过细致的分析，笔者已经表明，所有这些观点都存在一定的问题。特别地，笔者首先拒斥了自然主义通向数学实在论的两条道路——不可或缺性道路和数学自主自然主义道路。它们代表了两种迥异的风格，即分别从经验科学和纯数学的角度论证数学实在论，前者宣称经验证据确证数学对象的存在性，后者则认为纯数学的证据就足够了，数学对象的存在性由数学证明保证，应用上的考虑是多余的。其次，笔者分析了巴拉格尔和麦蒂所分别代表的两种折中主义立场，指出他们关于数学本体论问题在自然主义下不可解的论断缺乏充分证据，本体论问题并不是无望回答的问题，实际上，唯名论已经表现出对实在论的某种优势。最后，笔者考察了自然主义的数学唯名论，承认菲尔德、赤哈拉等人代表的早期唯名论站不住脚，但叶峰所提供的那种最新的唯名论数学哲学却很有希望成功。当然，笔者对于叶峰的数学哲学也不是全部接受的，特别是他对唯名论的那个物理主义论证在笔者看来是不可靠的，这条通向唯名论的捷径走不通。

　　那么对于我们而言，接下来要考虑的一个自然的问题就是：如何更好地做一名数学自然主义者，或者说，如何更好地做一名自然主义的数学唯名论者。这就是我们在本章试图回答的问题。首先，在本章第一节我们将一般性地探讨，在自然主义图景下，数学本体论问题究竟是怎样一个问题、应该如何回答它。笔者试图将它归结为一个关于最佳说明的问题：给定数学实在论和唯名论各自面临的那些说明性任务，我们只能通过对比双方完成这些任务的成功程度和前景好坏的间接方式，解决关于数学的本体论问题。然后在本章第二节，笔者将表明，综合叶峰、麦蒂等人的一些成果，一种关于人类数学实践的完备的唯名论说明已经基本成形，而按照第一节给出的标准，这意味着唯名论具有相对于实在论的明显优势，是更可信的数学哲学立场。同时，笔者还试图指出如何在某些方向上改进数学唯名论。特别地，叶峰本人的唯名论假设了一种极强的物理主义和有穷主义立场，因而容易引起人们诟病。通过一些分析，笔者希望表明这二者也许都可以适当削弱，而不影响对数学的总体的唯名论解释。

第一节　自然主义视野下的数学本体论问题

我们在本书第一章中就已经指出了，数学本体论问题主要就是关于抽象的数学对象是否存在的问题。但通过贝纳塞拉夫难题和不可或缺性论证，我们立即认识到，这个问题不能被孤立地考虑，而必须与关于数学的认识论问题和可应用性问题等紧密结合起来考虑，因而也就牵涉到认知主体的性质、纯数学的方法论、经验科学实践的性质等问题。但对于后面这些问题，自然主义都蕴含着一些结论或限制，这就使数学本体论问题在自然主义视野下呈现出特殊的面貌。我们下面就来考虑一下这个问题。

按照我们在第二章的界定，我们当作研究起点的自然主义是一种非常弱的主张，它只是这样一个要求：哲学家应当正视现代科学提供给我们的基本世界图景，在现代科学之认识成果的基础上进行哲学思考，以追求对世界的一个整全而融贯的理解。这里所谓的现代科学，就是指现实中的科学共同体普遍接受的那些科学，如数学、物理学、化学、分子生物学、生理学、进化论、地质学、人类学、心理学、认知科学、社会学、天文学，等等。特别地，我们将数学也包括在了科学家族之内，这是因为我们无法给出对科学方法的一个精确定义，只能从现实上被科学共同体所接受为科学的东西出发，而数学无疑是被常识和科学共同体认作科学家族的一员的。在这一点上，我们与伯吉斯和罗森的做法是一致的，但与伯吉斯和罗森的数学自主自然主义观点不同，我们没有从数学是科学直接推论出数学实在论，我们在认真审视科学所提供的世界图景后发现的是这样一个深刻的事实，它呈现出两种不协调的色调，潜在地蕴含着一些冲突：一方面，物理学、分子生物学、进化论等将人类描述为物理世界中的物理生物，是地球上物质自然演化的结果；另一方面，数学、心理学、社会学等又似乎不可避免地谈及一些（至少表面上看来是）非物理的对象和属性，如数学对象、精神属性和道德属性等。笔者认为，自然主义哲学的主要任务就在于调和这两种色调，最终得到一个系统而融贯的世界观。换言之，自然主义虽然拒斥对科学的第一哲学的批评或证成，认为那是毫无产出的臆想，但这并不意味着哲学家失去了存在的意义，因为诸科学并不构成一个完全融贯的体系，它们之间可能存在一些潜在的矛盾，而哲学的作用恰恰在于通过一些解释活动弥合这些矛盾。

但需要注意的是，现代科学所提供的世界图景中所包含的上述两种不协调色调，并不是势均力敌的对等关系，物理学、分子生物学、进化论和脑神经科学等所提供的物理主义色调是基本的，构成图景的底色，而数学对象、精神属性、道德属性等则是一些上层构造，似乎可以期待在物理主义框架下将它们解释掉。更精确地说，现代科学蕴含了关于人类心灵的一个基本的物理主义结论，即人类心灵或认知主体就是人类的大脑，它是自然进化的产物，处在时空和因果关系的制约之下。需要注意，这里我们并不是在表述第六章介绍的强物理主义立场，因为就以上结论而言，大脑的精神属性是否可以还原为物理属性，以及大脑是否具有一些不能以因果、结构和功能的方式解释的现象意识属性，这些问题都可以作为开放问题在自然主义框架内继续被争论，对它们的裁决没有包含在现代科学的基本物理主义结论中。①在现代科学的这个基本的物理主义结论下，数学本体论问题成为这样一个问题：一方面，数学像物理学、心理学等一样是人类这种动物的一项高度理性和具有高度认知价值的活动，在常识和科学共同体那里被接受为一门科学，甚至是最典范的科学，既自成一个丰富的纯数学系

---

① 本章第二节我们还会回到这个问题。

统，又在其他科学领域里有着最广泛的应用；另一方面，数学字面上谈及的那些对象如集合、实数、向量空间等，却是非物理的抽象对象，因而面临着认识论上的难题，即似乎很难说明人类大脑这种时空中的有限的认知主体如何能够认识在时空和因果秩序之外的无穷的抽象对象。一种合格的数学本体论说明必须对这两个方面都做出恰当的回应，而实在论和反实在论二者哪一个能更好地回应它们，就是自然主义下数学本体论问题的实质内容所在。

在自然主义前提下，数学实在论者和唯名论者都有自己直觉上的良好动机。数学实在论者抓住了人们关于数学的真值实在论直觉，正如我们在讨论伯吉斯和罗森的数学-自然主义论证时已经详细指出的。数学不仅是真理，还是真理之最纯粹、最高贵的典范，这个在常识和科学家群体中被广泛持有的观念为数学实在论提供了一个无比强大的动机。更精确地说，当常识和专门科学家说数学是真理的典范时，他们心中想到的主要有两点：一是纯数学本身的优良品质，如它在概念的定义和定理的证明上的清晰性与严格性，以及它的公理所具有的一种强烈的自明性，等等；二是数学在经验科学中的广泛应用和巨大成功，无论是物理学、生物学之类的硬科学，还是社会学、经济学之类的软科学，数学的应用都普遍存在，事实上，整个现代科学的成功很大程度上可以归结为数学应用的成功。

与数学实在论者不同，数学唯名论者抓住了人们普遍具有的另一种直觉，即对抽象对象的一种天然的怀疑，其可被称为关于数学对象的"反实在论直觉"或"唯名论直觉"。蒯因明确意识到了这一直觉，并在他早期与古德曼合作的一篇唯名主义文章中指出，他们的唯名论是基于一种本身不能进一步论证的哲学直觉的，在这种哲学直觉看来，设想一些非时空的、因果无效的抽象对象客观存在是十分古怪甚至荒谬的做法。①同样，在讨论伯吉斯和罗森的数学-自然主义论证时，我们曾特别指出在常识意见中盛行着这样的直觉。比如，如果你跟一个未受柏拉图主义哲学陶冶过的普通人

---

① 参见 Goodman 和 Quine（1947）。

说，自然数、函数等数学对象是一些独立于人类心灵和物理宇宙的客观实体，躺在一个超时空、非因果的天堂里，他最可能做出的反应就是睁大充满惊讶、怀疑的眼睛望着你，并立即提出一些基于常识的质疑，他甚至可能会说，数学不过是一种语言。至少就笔者的个人经验而言情况如此。甚至包括那些职业数学家，他们虽然在直觉上认为数学是真理和知识，但对关于数学的柏拉图主义的本体论解释往往是感到陌生和困惑的。我们在本书第一章中谈到的柏拉图对几何学家的那个著名抱怨，也可以佐证这一点。柏拉图抱怨几何学家根本不知道自己在研究些什么，因为他们没有意识到几何对象是不能生成或毁灭的抽象对象，笔者认为这个抱怨在今天仍然适用，很少有不是哲学家的数学家有意识地认为自己的工作是在描述一些独立存在的抽象对象。

对抽象对象的上述唯名论直觉，还只是为当代的数学唯名论者提供了浅层的动机。在自然主义框架下，现代科学为唯名论者提供了更深层的直觉动机。这在叶峰对唯名论的物理主义论证中有突出的表现。按照现代科学的基本物理主义结论，人类认知主体就是人的大脑，是自然进化的产物。数学作为大脑的活动，与其他科学一样，似乎应该很自然地被看成是人类适应环境的一种产物，其功能在于帮助人类与环境更好地互动。普通科学如物理学，因为谈论的是大脑所处的物理环境中的事物，所以可以做实在论的理解，但数学所谈及的那些抽象对象，则似乎更适宜被理解成是一些辅助人类与环境互动的虚构之物，就像上帝、灵魂之类的东西一样。它们十分有用，甚至对于人类有效地把握物理世界和适应物理环境不可或缺，但却很可能不是实在的对象。当然，这并不是说关于认知主体的物理主义可以直接导出数学唯名论的观点，至少对于叶峰关于唯名论的物理主义论证我们是不接受的，但我们同意物理主义确实在某种意义上提示我们对数学做唯名论的理解，这种提示构成了自然主义框架下唯名论的深层动机。

如上所述，在自然主义前提下，数学实在论和唯名论都有很好的直觉上的理由，那么究竟该如何对它们进行裁决呢？或者说，我们该如何解决自然主义下的数学本体论问题呢？人们也许希望通过一些直接的、不可辩驳的论证来为这两种立场中的一种辩护，就像不可或缺性论证、数学-自然主义论证和叶峰的物理主义论证所展现的那样。但我们在本书前面几章的分析已经表明，这些论证都不成功。更一般地，我们相信这种通过直接论证裁决数学本体论问题的方式是不可行的，它们诉诸关于人类主体和人类数学实践的一些事实，但却忽略了另外一些事实，而这些事实中的任何一个都不能决定性地回答本体论问题，需要的是对它们的一种全面的均衡考量。巴拉格尔和麦蒂等折中主义者在这点上与我们有相似之处，他们也认为现有的关于数学本体论的论证都不可靠，但他们走向了本体论问题不可解的消极结论，而我们相信情况绝没有糟糕到那种地步。笔者认为，以一种间接的方式判定本体论问题仍然是可能的，这种间接判定法要求数学实在论者和唯名论者双方都正视自己需要承担的说明性任务，并通过比较双方完成给定任务的成功程度和前景好坏来判定哪种观点才是对人类数学实践的正确解。

那么接下来要确定的问题就是：数学实在论者和唯名论者各自面临着怎样的挑战、需要承担哪些说明性任务。对于这个问题，叶峰提供了一些富有价值的见解。我们在第六章已经指出，叶峰的唯名论数学哲学并不依赖于他的物理主义论证，他最有价值的工作是在唯名论假设下对数学实践的详细说明。事实上，叶峰清醒地认识到，已有的唯名论数学哲学具有的一个根本缺陷是对数学实践缺乏完备的说明，并且他总结了一种完备的唯名论数学哲学所需要完成的解释任务[①]：

（1）唯名论必须解释数学中真实存在的究竟是什么，如果不是抽象的数学实体的话，并表明这些事物如何能说明数学陈述的意义和数学家的知识、直觉及经验。

（2）唯名论必须说明存在于所谓的数学实体或结构与物理事物之间的真实的关系。

[①]　对它们的详细阐述参见 Ye（2010b，pp. 16-27）。

（3）唯名论必须辨别和说明数学实践与应用中的各种客观性方面。

（4）唯名论必须解释简单的算术和集合论定理表面上展现出来的显然性、普遍性、先天性和必然性，并提供一个对逻辑的一致的说明。

（5）唯名论必须能在只有有穷多具体对象存在的假设下说明数学，并说明我们"关于无穷"的表面上的有效直觉。

（6）唯名论必须解释数学的可应用性，并在这种解释中表明数学应用对无穷和抽象对象的表面的指称在原则上不是不可或缺的。

笔者认为，要论证数学唯名论，从事这些艰难的解释性工作是唯一可行的道路。贝纳塞拉夫论证和物理主义论证之类的捷径是走不通的，除非预设一种很强的因果的知识论和指称论。而仅仅反驳掉不可或缺性论证更不能构成对数学唯名论的论证，它只意味着单靠不可或缺性论证不能确立数学实在论。

类似的情况对于数学实在论也成立。比如，按照我们的分析，不可或缺性论证和数学-自然主义论证就其论证目标而言都不成功，它们实际的价值在于提出了对唯名论的一些合理挑战，如解释数学的可应用性和常识对数学的那种真值实在论直觉，前者大致对应上述唯名论任务中的（2）（6），后者则对应（1）（3）（4）。要为数学实在论做辩护，人们不应再寄希望于这类论证，而只能通过正面应对那些对数学实在论的挑战，即在实在论假设下说明纯数学实践和数学应用所表现出的种种现象与特点。模仿叶峰为唯名论者列出的解释任务清单，可以将实在论者必须说明的问题概括如下：

（1）提供对纯数学的一个自然化的认识论说明和语义学，说明时空中的人类大脑如何能够指称和认识抽象对象，特别是要说明数学直觉作为一种人类认知官能有怎样的特征和工作机制。

（2）说明有穷的人类大脑如何能够认识无穷的数学对象。

（3）说明当代集合论学家用来为数学新公理（如 $V=L$、PD、LCA等）辩护的那些主观性理由为什么能提供关于客观的数学宇宙的知识。

（4）说明数学对象与数学结构的关系，为什么数学定理是结构性的论断，而不关心数学对象的内在个体性质。

（5）说明为什么以先天方法得到的关于抽象对象的知识能够应用于物理对象。

（6）说明关于无穷结构的知识如何能够应用于有穷、离散的对象。

这里的（1）（2）（3）分别归功于贝纳塞拉夫、叶峰和麦蒂。它们都是认识论方面的问题，联合起来可构成加强版的认识论难题，其为难题既是一般性的，有时也特别针对数学证成的特定方法类别，如数学直觉和对公理的基于外在证据的实用性辩护等。（4）也归功于贝纳塞拉夫，可被称为实在论面临的"结构主义难题"。（5）（6）则是经典的可应用性难题。可应用性之为难题不仅是对数学唯名论者，对实在论者亦然，只是细节稍有不同，对此在本章第二节我们还会讨论。

这样，我们实际上就给出了在数学本体论问题上进行理性裁决的一种标准：对照各自的任务清单，比较数学实在论者与数学唯名论者在完成各自任务上的进度和前景，看看它们哪一个更有可能取得最终的成功。按照这种进路，数学哲学家不应再将自己的精力浪费在维护那些直接性论证上，如认识论论证、不可或缺性论证、数学-自然主义论证和物理主义论证等，甚至也不应该再着力探求类似的新论证，而应该正面地应对自己的立场所必须面对的那些挑战，通过在自己特定的本体论假设下为纯数学和应用数学实践做出一个融贯的说明而间接地为自己的本体论立场辩护。并且，作为自然主义者，在做这项工作的时候特别需要注意遵循自然主义带给我们的一些基本的原则，比如，现代科学关于人类认知主体的一些限制性结论，现代科学中数学应用的实际范围等。

第二节　唯名论的相对优越性

巴拉格尔和麦蒂等取消论者认为，恰好有一种形式的实在论和一种形式的反实在论，在二者之间我们无法理性地做出取舍，它们是对数学实践的同等合理的描述。我们在第五章对这种立场进行了反驳。更进一步，按照我们在上面给出的判别标准，我们相信有很好的理由支持对数学的唯名论理解而不是柏拉图主义的理解，因为唯名论者在完成自己的说明任务上成果丰硕并稳步地前进着，而柏拉图主义者面对他们的难题却毫无产出和停滞不前。这里我们所说的唯名论成果，主要是指麦蒂和叶峰的一些工作。综合他们的一些研究成果，对数学的一个比较完备的唯名论说明已经成形了，这尤其包括对纯数学实践中的客观性的说明和对数学的可应用性的说明。

麦蒂不是一个自觉的数学唯名论者。事实上，从她对方法论问题和哲学问题的分离，到她最终关于本体论问题不可解的结论，她都表现出对数学本体论问题的回避。但这不影响她为数学唯名论者提供一定的思想资源。特别地，她对数学方法论的自然主义刻画能够有益于对数学的一种唯名论说明，因为后者的一个重点是在不援引抽象对象的前提下说明数学实践中的客观性，而麦蒂的方法论刻画自称是与关于抽象对象存在性的哲学问题彼此独立的。实际上，根据我们在第五章的介绍，麦蒂对集合论方法论的自然主义的刻画表明，限制数学实践的那种客观性不必甚至不应该来源于一个柏拉图式的宇宙，诉诸所谓的"数学深度"就可以说明这种客观性。这显然正是唯名论者想要的一种关于数学客观性的说明。

与麦蒂不同，叶峰是一个彻底而强硬的数学唯名论者，他的相关成果可以被更多地继承。他指出了在数学实践中真正存在的、被当作工具应用于经验科学的东西就是大脑中的一些神经元结构，即抽象概念和抽象思想，并说明了它们虽然不直接表示具体事物，但可以拥有更灵活的认知功能。他还比较深入地说明了数学想象的客观限制，从而在不援引抽象对象的前提下赋予纯数学实践一种客观性。这些我们在第六章已有介绍。一般认为，对数学唯名论的最大挑战是数学的可应用性问题，而叶峰唯名论数学哲学的一个更有分量的内容正是系统地说明数学的可应用性。下面我们一般性地探讨一下数学的可应用性问题，并介绍叶峰在这个问题上的工作，以表明数学唯名论在这个问题上确实已经取得了巨大的成功。

在直接而平凡的意义上，数学的可应用性问题表述起来很简单，那就是数学为什么在经验科学中有用。但稍微深究，这个问题就会呈现出多个面孔和层次，变成一个极为复杂的问题。首先，我们可以反问，为什么要问这样一个问题，难道数学在经验科学中有用有什么值得惊讶的吗？对于这个问题，著名物理学家维格纳（E. Wigner）的回答具有代表性。维格纳强调了一个关于数学应用的重要事实，即数学经常在远离其最初语境的地方获得意想不到的成功应用，并且他由此断言，数学的这种"不可思议的有效性"（unreasonable effectiveness）是一个奇迹，无法给出理性的解释（Wigner，1960）。维格纳确实指出了数学应用的一个可惊讶的地方，但他侧重于数学在科学中的那些意想不到的应用实例，从哲学的角度看缺乏足够的普遍性。从哲学的更一般的观点看，应用数学之所以让人感到惊讶，根本上在于它的认识论特异性，即数学理论似乎是先天地被认识的，独立于对经验世界的观察，这样得到的东西却对描述经验世界如此有用，是一个需要解释的奇迹。

其次，我们还可以追问，数学在经验科学中究竟有哪些用处？它们可以划分为几种类别？完整地回答这个问题是困难的，但我们至少可以指出数学在科学中的两种确定无疑的功能，即辅助描述和协助推理。数学之为一种量化描述手段，也许是它在科学中的一个最明显的用处，例如在物理学中，我们就用二次方程 $h=gt^2/2$ 描述物体自由下落时位移与时间之间的关系。与描述功能相似，数学在科学推导中的功能也不难理解，这点我们在第三章讨论不可或缺性论证时已经做过一些阐释。

有些哲学家认为，除了描述和协助推导，数学对于科学还有其他一些更实质的作用，比如整合统一作用，甚至解释经验现象、发现新结论等。[①]他们一般通过一些例子来说明这一点，其中比较著名的一个例子由贝克（Baker，2005）给出，它涉及生物学家对一种蝉的睡眠周期的解释。生物学

---

① 参见 Colyvan（1998，2002）与 Baker（2001，2005）。

家发现，有一种蝉每活动一段时间就会进入连续几年的睡眠，并且连续睡眠的年数总是一个素数，如 7 年、11 年等。对此现象的一种解释是，这是为了降低与有类似周期活动习性的天敌相遇的频率，因为假设蝉的睡眠周期为 m，天敌的睡眠周期为 n，它们相遇一次后再相遇要等待的年数则恰好是 m 和 n 的最小公倍数，而 m 为素数能使这个最小公倍数尽可能大一些。贝克认为，这就说明数学不只是推理工具，还具有真正的解释力。

但笔者认为，描述和协助推导事实上已经穷尽了数学在这个例子中所发挥的全部作用。要看到这一点，只需将整个推导简化重构如下：①尽量延长与天敌重复相遇的周期年数对蝉有利；②与天敌重复相遇的周期年数是 m 和 n 的最小公倍数；③m 为素数时，m 和 n 的最小公倍数可能更大一些；④蝉的睡眠周期年数是素数时对蝉有利。这里，①为纯经验假设，②为数学、经验混合的桥梁假设，③为纯数学假设，④则是结论。不难看到，数学在这里的作用无非就是两点：一是提供自然数语言作为生物睡眠周期的描述语言，二是提供一些关于自然数的数学定理作为经验科学推导的数学前提。数学既然是推导的前提，当然对发现结论有贡献，但这不是什么新功能，而是数学应用普遍具有的特征。问题的关键仅仅在于能不能在唯名论的假设下解释数学的这种辅助科学推导的功能，即在不承认数学语句是字面上的客观真理的情况下，说明数学的这一功能。

这就引出了我们看待数学可应用性问题的第三个角度：从特定的本体论立场出发考虑可应用性问题。在唯名论前提下，数学的上述推导功能呈现为一个尖锐的问题，因为它意味着由字面上为假的一些前提可以（经常）得到观察上可验证的结论，而实在论者则似乎能避免这个问题，因为他们把数学前提看作客观真理，科学推导是由经验真和数学真到经验真的推导而已。但这样的看法忽略了两个问题：首先，数学真在实在论者那里是关于抽象对象的真，这样的真如何能对物理世界的真有用，仍然需要一些解释；其次，按照叶峰对数学应用的观察，科学中的数学应用通常是无穷对有穷的应用，其有效性不仅对唯名论者来说是需要说明的，对实在论者也一样构成难题。

　　叶峰从他的自然主义和物理主义立场出发，对数学可应用性问题进行了一个精确刻画，成功地将它转化为一个严格的科学问题和逻辑学问题。①我们知道，在叶峰的物理主义框架下，真是可以自然化的一种属性或关系，它是作为大脑中的神经元结构的具体思想与物理事物之间的自然关系。而逻辑推理规则，则是大脑中的推理过程的模式，使大脑从作为前提的特定格式的思想得到作为结论的特定格式的思想。这里的思想可以是抽象的，但推理规则的有效性仅与具体思想相关，即对具体思想保真。因而关于逻辑推理有效性的论断，也就变成了对一类（大脑中的）自然过程的规则性的论断，是从关于表征关系的自然化的语义规范性而来的一种自然化的规范性。大脑中的数学应用过程，是这样一个推理过程：从实在的前提、桥梁假设和纯数学定理出发，得到一个实在的结论。这里所谓的"桥梁假设"是一些由具体概念和抽象概念组合成的混合思想，借助它们大脑可以将实在的思想翻译成对应的数学表征（比如万有引力定律的数学表达式），反过来也可以将数学化的物理理论在数学定理辅助下推导出的一些数学结论翻译成关于具体事物的实在的结论。需要注意，在由大脑神经元结构实现的这样一个推理过程中，只有实在的前提和实在的结论才具有与物理事物之间的自然化的真关系，而解释数学的可应用性就在于解释：为什么这个自然化的真属性会出现在作为上述数学应用过程之结果的实在结论身上，既然作为应用之开始的一些前提（即那些非实在的前提）和作为应用之中间环节的那些数学思想都没有这个属性。这样一来，数学的可应用性问题就被自然化了，成了一个纯粹的科学问题。而如果允许进一步简化，忽略一些非本质的细节，比如将对大脑中由神经元实现的概念、思想等的谈论替换成对语言表达式的谈论，并假定后者在词汇和句法上有清楚的定义，像一阶逻辑语言那样，那么数学应用还可以阐述为如下的一个纯粹的逻辑推理（Ye，2011，p. 16）：

---

①　参见 Ye（2010c，2011）。

$$\Gamma_r \cup \Gamma_m \cup \Gamma_b \vdash \varphi$$

这里 Γ_r 是一个由实在的语言 L_r 下的一些实在的语句构成的集合，Γ_m 是一个由抽象的语言 L_m 下的一些抽象语句（即数学定理）构成的集合，Γ_b 是一个由混合语言 $L_r \cup L_m$ 下的一些混合语句（它们表达桥梁思想）构成的集合，φ 则是 L_r 下的一个实在语句（表达实在的结论）。设 M_r 是由真实的物理实体构成的、语言 L_r 的自然化的语义模型，则数学可应用性问题可以刻画为这样一个逻辑问题：在有效的科学推理中，假定 $M_r \vDash \Gamma_r$，为什么 $\Gamma_r \cup \Gamma_m \cup \Gamma_b \vdash \varphi$ 蕴含着 $M_r \vDash \varphi$，既然 $M_r \vDash \Gamma_m \cup \Gamma_b$ 并不成立？

叶峰强调，这个问题同样适用于实在论和唯名论，因为即使在实在论假设下，$M_r \vDash \Gamma_m \cup \Gamma_b$ 一般也不成立，原因是 Γ_m 通常包含谈论无穷结构的数学语句，而 M_r 则是有穷的。他还指出，关于数学应用的这个逻辑难题是数学哲学家真正应该重视的问题，对于它的解决很可能同时决定我们最终采取什么样的本体论立场。

叶峰没有仅仅满足于刻画这个问题，他还提供了解决这个难题的一个方案，并在很大程度上执行了它。叶峰的方案始于一个很自然的想法。在数学应用过程中，可能有一些关于物理事物的实在的前提，它们没有以显式的方式出现在 Γ_r 中，但却隐含在 $\Gamma_m \cup \Gamma_b$ 中，将这些隐蔽的前提构成的集合记为 Γ_r^*，那么就可以这样来解释数学的可应用性：$M_r \vDash \varphi$，因为 $M_r \vDash \Gamma_r \cup \Gamma_r^*$ 且 $\Gamma_r \cup \Gamma_r^* \vdash \varphi$。这里，关键是要确定 Γ_r^* 的内容，并表明从 $\Gamma_r \cup \Gamma_m \cup \Gamma_b$ 到 φ 的推演可以翻译成从 $\Gamma_r \cup \Gamma_r^*$ 到 φ 的有效推演。为了实现这些，叶峰接着提出了如下两步走的策略（Ye，2011，pp. 20-22）：首先，定义一个所谓"严格有穷主义"的逻辑框架，以发展一种不包含无穷的数学；其次，证明当今科学中对经典数学的全部有效应用原则上都可以归约为严格有穷主义数学的应用，这可以通过在严格有穷主义框架中发展可应用数学的模拟物来实现。

这里的严格有穷主义框架，直观上说来就是一个不允许任意大的有穷而只允许特定上界下的有穷的系统，本质上等同于无量词的原始递归算术的一部分。该框架内的语句都可以归约成 $t=s$ 的格式，其中 t 和 s 都是由数字通过一些原始递归函数构造出来的闭项（即不含变元的项），可以解释成计算装置（包括大脑）中的（有固定输入的）程序，$t=s$ 则意味着两个程序有着同样的输出。在严格有穷主义系统中应用数学于物理现象，本质上就是使用一个计算装置模拟别的物理实体及其性质，应用过程所涉及的数学前提被解释成关于计算装置的陈述，桥梁假设则被解释成关于计算装置如何模拟其他物理实体的陈述。叶峰将"当今科学中现有的对经典数学的全部有效应用原则上都可以归约为严格有穷主义数学的应用"这一论断称为"有穷主义猜想"，并提供了一系列支持它的理由，其中最重要的就是如下事实：经典数学可应用的很大一部分，如微积分、常微分方程、度量空间、复分析、勒贝格积分、（作为经典量子力学的数学基础的）希尔伯特空间上的无界线性算子的谱理论，以及（作为广义相对论的数学基础的）半黎曼几何的基础部分，都可以在严格有穷主义数学的框架中发展起来。①

　　如果叶峰就数学可应用性问题所做的上述工作成立，再结合他和麦蒂对纯数学客观性的那些解释性成果，则数学唯名论者就拥有了一个对数学实践的相对完备的唯名论说明。当然，叶峰和麦蒂的工作绝非已经圆满，严格有穷主义数学还未模拟出全部可应用数学，麦蒂对"数学深度"的刻画也还不够细致深入，但这些工作之意义重大，不仅在于它们已取得的成就本身，更在于它们所提供的成功前景，或者说它们所具有的优良的可持续性。不难设想，沿着他们提供的方向，唯名论数学哲学可以稳步地前进，实现一种类似于经验科学的积累式发展。这与数学实在论的境况形成鲜明对比，实在论的支持者虽然也屡屡试图为数学提供一个符合自然主义的认识论说明，如整体论、新逻辑主义、伯吉斯的彻底自然主义、全面柏拉图主义等所展示的，但按照我们的分析，它们无一真正符合自然化认识论的要求，并且也看不到实在论者未来解决这个问题的任何希望或一个清晰可行的前进方向。所以，按照我们之前给出的衡量标准，在自然主义框架下，

---

　　① 相关技术细节参见 Ye（2011）。

我们更有理由采取数学唯名论的本体论立场，至少它展示出比数学实在论好得多的应对自身解释任务的能力。

值得强调的是，数学唯名论并不是基于对抽象对象的"唯名论偏见"而对数学实践所做的人为的、扭曲的说明。纯数学的实践所表现出的种种客观性方面和数学在科学中的广泛应用，作为一种给定的东西，需要哲学的解释。柏拉图主义者试图沿袭一种古老的做法，用某种客观存在的抽象对象即一个柏拉图式的理念宇宙来完成这种解释，唯名论者则接受现代科学的物理主义提示和动机，试图在一个物理的宇宙中、在人脑中找到那些客观性的基础。通过深入研究纯数学的方法和数学在经验科学实践中的应用，唯名论者力图提供一个更加符合实践实情的对数学之本性的刻画。否认抽象对象的实在性和数学语句在真值上的实在性，并不是要否认数学实践本身的客观性方面，更不是要否认数学在认知上的特殊而重大的价值（这些价值是文学艺术、占星术之类的东西所缺乏的），而是为了在与我们的整体世界观即与科学所提供给我们的宇宙图景相协调的前提下更好地说明它们。

当然也应当承认，我们综合叶峰和麦蒂的成果所得到的唯名论，虽然在说明纯数学的方法论和数学的可应用性这两个核心问题上都成绩斐然且发展前景可观，但也有一些十分引人怀疑的方面。这主要是因为，叶峰的数学哲学预设了一种极强的物理主义和有穷主义，而对于它们人们可能会心生疑虑。

叶峰物理主义的强硬之处在于，他不仅认为心灵就是大脑，心理事件和心理过程就是大脑中的物理事件与物理过程，他还假定了心灵现象特有的意向性关系或语义规范性关系如指称和真可以还原为神经元结构与事物之间的物理关系。应该说，一旦承认心灵就是大脑，后面这种将心灵的意向性关系自然化的要求就是很自然的，而事实上，当代心灵哲学中也的确出现了很多表征自然化理论，包括叶峰自己在这方面做的一些工作。[1]但也

---

① 参见 Adams（2003）和叶峰（2008b）。

必须承认，现有的表征自然化理论还没有获得普遍成功，而这个方向上的努力最终能否成功也仍然是一个开放的问题。叶峰对表征自然化持极为乐观的态度，但非还原的物理主义者的担忧并非毫无根据。有可能，语词的意义或指称就是以一种混沌的、不可描述的方式随附于人们对语词的使用的，以及更一般地，心智属性是以一种混沌的、不可描述的方式随附于大脑的物理属性，将它们自然化的企图永远不会成功。

但这并不影响自然主义者从现代科学那里得来的基本的物理主义立场：人类心灵或认知主体就是人类大脑，它是自然进化的产物，心理过程就是大脑的物理过程，概念、思想等心灵实体是大脑中的某种神经元结构，等等。后者作为一种较弱形式的物理主义，与不可还原性论题是相容的。这就是说，虽然认知过程中发生的一切——感官接受刺激、大脑神经元网络活动、神经系统控制身体发出某种声音等，都是物理的，人脑中的概念与事物之间的表征关系也是通过物理联系实现的，但这种联系可能由于过于复杂而无法被任何表征自然化理论刻画出来，我们最终也许只能满足于以"去引号"的方式谈论指称和真。无论如何，对于我们在本书中关心的问题而言，重要的是，这种较弱形式的物理主义，对于维持我们的数学唯名论立场就已经足够了。甚至属性二元论者宣称的那种现象意识的不可还原的主观性，数学唯名论者也可以接受，如果不考虑它可能和现代科学的基本的物理主义结论相矛盾的话。在这种较弱的物理主义立场下，数学唯名论的核心观点都可以得到保留。比如，数学实践中真实存在的仍然只是大脑中作为抽象概念和抽象思想的神经元结构，它们通过一些翻译规则与具体概念和具体思想相联系，发挥更灵活的认知功能；数学想象及方法论也依然遵循叶峰和麦蒂指出的那些客观性限制，而无须援引抽象对象。当然，有些内容的表述可能需要稍加修改，比如叶峰对可应用性问题的具体刻画，因为它假定了自然化的指称和真。如果指称和真如此混沌以至难以自然化地刻画，我们就不得不用"去引号的"指称和真来替代，但这只是问题表述上的修改，不会实质性地损害叶峰对数学可应用性问题的解释，对于后者而言，重要的只是能否在严格有穷系统内模拟出经典数学可应用的那些部分。

叶峰的数学唯名论容易让人产生疑虑的另一个因素是，它采取了一种很强的有穷主义观点。叶峰注意到现有的数学应用都是面向有穷的对象的，无论是在经济学中还是物理学中，并强调数学哲学家在说明数学的可应用性问题时应该重视这一基本事实。这点在笔者看来是没有问题的，它是一个深刻而重要的洞见。但有些时候，叶峰似乎认为连作为可能性的无穷都毫无意义，比如在他对赤哈拉的批评中就表现出这种倾向（叶峰，2010，第 439 页）。换言之，他似乎不仅拒绝接受无穷的数学对象的存在性，还对无穷概念本身的有意义性提出了质疑，就像他质疑抽象对象概念的意义一样。这种质疑可能出自如下理由：既然认知主体就是大脑，而大脑是一个有限的物理系统，那它如何能具有一个关于无穷的概念呢？但是另外，叶峰又承认，物理宇宙是有穷还是无穷的仍然是一个开放的科学问题，这似乎又表示他承认可以有意义地谈论无穷。

无论叶峰本人观点如何，直观上我们似乎是有清楚的无穷概念的，而这一点需要数学唯名论者给出更多的说明。概念是否有意义与符合它的对象存不存在，这二者之间的关系究竟如何，是一个值得深思的问题。比如，飞马不存在，但我们通常认为"飞马"这个概念仍然有意义。同样，即使物理宇宙是有穷的，仅仅包含 n 个对象，我们直觉上似乎仍然会认为 $n+1$ 这个概念是有意义的。这里，$n+1$ 的有意义性和"飞马"的有意义性有什么区别吗？很明显，"飞马"的概念是由"会飞的"和"马"这两个概念组合而来的，而 $n+1$ 的概念是如何形成的则不是很清楚。一般地，对于数学概念在大脑中的形成机制，我们需要更多认知科学上的研究。另外，大脑似乎可以理解任意大的有穷，而不受限于它自身的有穷性，特别地，即使大脑只有一千亿个神经元，它似乎也可以毫不费力地理解"一万亿"这个概念。而如果"任意大的有穷"有意义，那么作为有穷数之全体的 ω 是不是也有某种意义呢？例如 2^ω、2^{2^ω}，等等，甚至大基数。

　　当然，承认这些概念有意义不表示承认有一个实在的数学宇宙对应着它们，用这些概念表达的陈述如连续统假设，也不必有唯一确定的真值，正如用"飞马"的概念表达的陈述，如"飞马有两颗心脏"，可以没有确定的真值一样。因此承认无穷在数学上的某种可能性或无穷概念的有意义性，并不意味着接受关于数学的真值实在论。无论在对象上，还是真值上，我们都可以继续坚持反实在论的立场。但对于无穷概念究竟在何种意义上有意义，以及大脑如何产生或理解这些概念，更多的研究和唯名论说明是必要的。它是一种更完备的数学唯名论应当承担的一个任务。

参 考 文 献

巴拉格尔. 2015. 数学中的实在论和反实在论//安德鲁·欧文. 爱思唯尔科学哲学手册——数学哲学. 康仕慧译. 北京：北京师范大学出版社：43-127.

保罗·贝纳塞拉夫，希拉里·普特南. 2003. 数学哲学. 朱水林，应制夷，凌康源，等译. 北京：商务印书馆.

高坤. 2016. 连续统问题与薄实在论. 逻辑学研究，（2）：32-44.

郝兆宽. 2018. 哥德尔纲领. 上海：复旦大学出版社.

郝兆宽，杨跃. 2014. 集合论——对无穷概念的探索. 上海：复旦大学出版社.

郝兆宽，施翔晖，杨跃. 2010. 连续统问题与Ω猜想. 逻辑学研究，（4）：30-43.

斯图尔特·夏皮罗. 2009. 数学哲学——对数学的思考. 郝兆宽，杨睿之译. 上海：复旦大学出版社.

叶峰. 2006. 不可或缺性论证与反实在论数学哲学. 哲学研究，（8）：74-83.

叶峰. 2008a. 弗雷格的算术哲学. 科学文化评论，5（6）：52-61.

叶峰. 2008b. 当前表征内容理论的难点与一个解决方案//北京大学外国哲学研究所. 外国哲学，第19辑. 北京：商务印书馆：1-23.

叶峰. 2010. 二十世纪数学哲学—— 一个自然主义者的评述. 北京：北京大学出版社.

叶峰. 2012. 为什么相信自然主义及物理主义//武汉大学哲学学院. 哲学评论，第10辑. 武汉：武汉大学出版社：1-66.

叶峰. 2016. 从数学哲学到物理主义. 北京：华夏出版社.

Adams F. 2003. Thoughts and their contents：naturalized semantics// Stich S，Warfield T A. The Blackwell Guide to the Philosophy of Mind. Oxford：Blackwell：143-171.

Armstrong D. 1980. The Nature of Mind. Brighton：Harvester Press.

Azzouni J. 1998. On "on what there is". Pacific Philosophical Quarterly，79（1）：1-18.

Baker A. 2001. Mathematics，indispensability and scientific progress. Erkenntnis，55（1）：85-116.

Baker A. 2005. Are there genuine mathematical explanations of physical phenomena？Mind，114（454）：223-238.

Balaguer M. 1996. A fictionalist account of the indispensable application of mathematics. Philosophical Studies，83（3）：291-314.

Balaguer M. 1998. Platonism and Anti-Platonism in Mathematics. Oxford：Oxford University

Press.

Benacerraf P, Putnam H. 1983. Philosophy of Mathematics: Selected Readings. Cambridge: Cambridge University Press.

Benacerraf P. 1965. What numbers could not be? Philosophical Review, 74 (1): 47-73.

Benacerraf P. 1973. Mathematical truth. Journal of Philosophy, 70 (19): 661-679.

Bird A. 1998. Philosophy of Science. London: Routledge.

Bishop E. 1967. Foundations of Constructive Analysis. New York: McGraw-Hill.

Boolos G. 1998. Logic, Logic and Logic. Cambridge: Harvard University Press.

Burgess J P, Rosen G A. 1997. A Subject with No Object: Strategies for Nominalistic Interpretation of Mathematics. Oxford: Clarendon Press.

Chalmers D. 1996. The Conscious Mind. Oxford: Oxford University Press.

Chihara C S. 1990. Constructibility and Mathematical Existence. Oxford: Clarendon Press.

Colyvan M. 1998. In defence of indispensability. Philosophia Mathematica, 6 (3): 39-62.

Colyvan M. 2001. The Indispensability of Mathematics. New York: Oxford University Press.

Colyvan M. 2002. Mathematics and aesthetic considerations in science. Mind, 111 (441): 69-74.

Dennett D C. 1991. Consciousness Explained. New York: Back Bay Books.

Dennett D C. 1995. Darwin's Dangerous Ideas: Evolution and the Meanings of Life. New York: Simon and Schuster.

Duhem P. 1954. The Aim and Structure of Physical Theory. Wiener P P (trans.). Princeton: Princeton University Press.

Dummet M. 1978. Truth and Other Enigmas. London: Duckworth.

Field H. 1980. Science Without Numbers: A Defence of Nominalism. Princeton: Princeton University Press.

Field H. 1989. Realism, Mathematics and Modality. Oxford: Basil Blackwell.

Flanagan O. 2011. The Bodhisattva's Brain: Buddhism Naturalized. Cambridge: MIT Press.

Fogelin R J. 1997. Quine's limited naturalism. Journal of Philosophy, 94 (11): 543-563.

Frege G. 1967. Begriffsschrift: a formula language modeled upon that of arithmetic for pure thought//Heijenoort J V. From Frege to Gödel: A Source Book in Mathematical Logic, 1879—1931. Cambridge: Harvard University Press.

Frege G. 1967. The Basic Laws of Arithmetic: Exposition of the System. Furth M (trans.). Oakland: University of California Press.

Gao K. 2016. A naturalistic look into Maddy's naturalistic philosophy of mathematics. Frontiers of Philosophy in China, 11 (1): 137-151.

Gibson R. 2004. The Cambridge Companion to Quine. Cambridge: Cambridge University Press.

Gödel K. 1990a. Russell's mathematical logic//Feferman S, Dawson J, Kleene S, et al. Kurt Gödel's Collected Works: Volume II. Oxford: Oxford University Press: 119-141.

Gödel K. 1990b. What is Cantor's continuum problem? //Feferman S, Dawson J, Kleene S, et al. Kurt Gödel's Collected Works: Volume II. Oxford: Oxford University Press: 254-270.

Gödel K. 1995. Is mathematics syntax of language? //Feferman S, Dawson J, Goldfarb W, et al. Kurt Gödel's Collected Works: Volume III. Oxford: Oxford University Press: 334-356.

Goodman N, Quine W V. 1947. Steps toward a constructive nominalism. Journal of Symbolic Logic, 12 (4): 105-122.

Hale B, Wright C. 2003. The Reason's Proper Study: Essays towards a Neo-Fregean Philosophy of Mathematics. Oxford: Clarendon Press.

Hart W D. 1977. Review of Steiner's mathematical knowledge. The Journal of Philosophy, 74 (2): 118-129.

Heijenoort J V. 1967. From Frege to Gödel: A Source Book in Mathematical Logic, 1879—1931. Cambridge: Harvard University Press.

Hellman G. 1989. Mathematics without Numbers. Oxford: Oxford University Press.

Hersh R. 2014. Experiencing Mathematics: What Do We Do, When We Do Mathematics? Providence: American Mathematical Society Press.

Heyting A. 1956. Intuitionism: An Introduction. Amsterdam: North-Holland Publishing Company.

Hoffman S. 2004. Kitcher, ideal agents and fictionalism. Philosophia Mathematica, 12 (1): 3-17.

Jech T. 2003. Set Theory: The Third Millennium Edition, Revised and Expanded. Heidelberg: Springer-Verlag Press.

Kant I. 1997. The Critique of Pure Reason. Guyer P, Wood A (trans.). Cambridge: Cambridge University Press.

Lakatos I. 1978. The Methodology of Scientific Research Programmes: Philosophical Papers, Volume I. Cambridge: Cambridge University Press.

Leng M. 2002. What's wrong with indispensability? Synthese, 131 (3): 395-417.

Leng M. 2005. Revolutionary fictionalism: a call to arms. Philosophia Mathematica, 13 (3): 277-293.

Maddy P. 1990. Realism in Mathematics. Oxford: Oxford University Press.

Maddy P. 1997. Naturalism in Mathematics. Oxford: Oxford University Press.

Maddy P. 2005. Three forms of naturalism//Shapiro S. Oxford Handbook of Philosophy of Mathematics and Logic. Oxford: Oxford University Press.

Maddy P. 2007. Second Philosophy: A Naturalistic Method. Oxford: Oxford University Press.

Maddy P. 2011. Defending the Axioms: On the Philosophical Foundations of Set Theory. Oxford: Oxford University Press.

Malament D. 1982. Science without numbers by Hartry H. Field. The Journal of Philosophy, 79 (9): 523-534.

Mancosu P. 2008. The Philosophy of Mathematical Practice. Oxford: Oxford University Press.

Melia J. 2000. Weaseling away the indispensability argument. Mind, 109 (435): 455-479.

Papineau D. 1993. Philosophical Naturalism. Oxford: Blackwell.

Papineau D. 2016. Naturalism. http://plato.stanford.edu/archives/win2016/entries/ naturalism/. htm[2018-3-12].

Paseau A. 2013. Naturalism in the philosophy of mathematics. http://plato.stanford.edu/.entries/ naturalism-mathematics/. htm[2015-6-20].

Putnam H. 1971. Philosophy of Logic. New York: Harper Press.

Quine W V. 1948. On what there is. Review of Metaphysics, 2 (5): 21-38.

Quine W V. 1951. Two dogmas of empiricism. Philosophical Review, 60 (1): 41-64.

Quine W V. 1960. Word and Object. Cambridge: MIT Press.

Quine W V. 1976. The Ways of Paradox and other Essays. Cambridge: Harvard University Press.

Quine W V. 1980. From a Logical Point of View, 2nd edition. Cambridge: Harvard University Press.

Quine W V. 1981. Theories and Things. Cambridge: Harvard University Press.

Quine W V. 1986. Philosophy of Logic. Englewood Cliffs: Prentice-Hall.

Quine W V. 1992. Pursuit of Truth, revised edition. Cambridge: Harvard University Press.

Quine W V. 1995. From Stimulus to Science. Cambridge: Harvard University Press.

Resnik M. 1985. How nominalist is Hartry Field's nominalism? Philosophical Studies, 47 (2): 163-181.

Resnik M. 1995. Scientific vs. mathematical realism: the indispensability argument. Philosophia Mathematica, 3 (2): 166-174.

Resnik M. 2005. Quine and the web of belief//Shapiro S. Oxford Handbook of Philosophy of Mathematics and Logic. Oxford: Oxford University Press.

Rosen G, Burgess J. 2005. Nominalism reconsidered//Shapiro S. Oxford Handbook of Philosophy of Mathematics and Logic. Oxford: Oxford University Press.

Ryle G. 1947. The Concept of Mind. London: Hutchinson.

Shapiro S. 2000. Thinking about Mathematics: The Philosophy of Mathematics. Oxford: Oxford University Press.

Shapiro S. 2005. Oxford Handbook of Philosophy of Mathematics and Logic. Oxford: Oxford University Press.

Sober E. 1993. Mathematics and indispensability. Philosophical Review, 102 (1): 35-57.

Stoljar D. 2017. Physicalism. https://plato.stanford.edu/ archives/win2017/entries/physicalism/. htm [2018-5-20].

Stroud B. 1984. The Significance of Philosophical Skepticism. Oxford: Oxford University Press.

Vineberg S. 1996. Confirmation and the indispensability of mathematics to science. Philosophy of Science, 63 (proceedings): S256-S263.

Wigner E. 1960. The unreasonable effectiveness of mathematics in the natural sciences. Comunications in Pure and Applied Mathematics, 13 (1): 1-14.

Williamson T. 2011a. What is naturalism? http://opinionator.blogs.nytimes.com/2011/09/04/ what-is-naturalism/. htm[2018-5-12].

Williamson T. 2011b. On ducking challenges to naturalism. http://opinionator.blogs.nytimes. com/2011/09/28/on-ducking-challenges-to-naturalism/. htm[2018-5-12].

Wright C. 1983. Frege's Conception of Numbers as Objects. Aberdeen: Aberdeen University Press.

Wright C. 1997. On the philosophical significance of Frege's theorem. Philosophy, 26 (2): 219-222.

Yablo S. 2001. Go figure: a path through fictionalism. Midwest Studies in Philosophy, 25 (1): 72-102.

Yablo S. 2002. Abstract objects: a case study. Philosophical Issues, 12 (1): 220-240.

Ye F. 2007. Indispensability argument and anti-realism in philosophy of mathematics. Frontiers of Philosophy in China, 2 (4): 1-15.

Ye F. 2010a. Naturalism and abstract entities. International Studies in the Philosophy of Science, 24 (2): 129-146.

Ye F. 2010b. What anti-realism in philosophy of mathematics must offer? Synthese, 175 (1): 13-31.

Ye F. 2010c. The applicability of mathematics as a scientific and a logical problem. Philosophia Mathematica, 18 (2): 144-165.

Ye F. 2011. Strict Finitism and the Logic of Mathematical Applications, Synthese Library, vol. 355. Dordrecht: Springer Netherlands.